"十四五"职业教育国家规划教材

办公应用
立体化教程

| Office 2019 |

微课版

徐栋 张萌◎主编

穆仁龙◎副主编

人民邮电出版社
北京

图书在版编目（CIP）数据

办公应用立体化教程：Office 2019：微课版 / 徐栋，张萌主编. -- 北京：人民邮电出版社，2024.（新形态立体化精品系列教材）. -- ISBN 978-7-115-65182-2

Ⅰ．TP317.1

中国国家版本馆 CIP 数据核字第 2024F04S61 号

内 容 提 要

本书采用项目—任务的形式介绍 Office 2019 的相关知识和操作方法。全书共 9 个项目，前 8 个项目分别为 Word 基础与编辑美化、Word 文档图文混排与审阅、Word 特殊版式设计与批量制作、Excel 基础与编辑美化、Excel 数据计算与管理、Excel 图表分析、PowerPoint 幻灯片制作与编辑、幻灯片设置与放映输出；项目九为综合案例，其中详细介绍了使用 Word 制作"大学生课外阅读调查报告"文档、使用 Excel 制作"大学生课外阅读数据统计"工作簿、使用 PowerPoint 制作"大学生课外阅读调查报告"演示文稿的方法，有助于进一步提升读者对 Office 2019 的综合应用能力。

本书的每个项目都分成若干个任务，每个任务由任务描述和任务实施两个部分组成，并且每个项目都设置了知识点的强化实训，还安排了课后练习。本书注重培养读者对 Office 办公软件的实际操作能力，并将办公场景引入课堂教学，让学生提前进入工作角色，达到学以致用的目的。

本书可作为高等院校、职业院校和各类社会培训学校办公自动化技术或 Office 办公软件应用相关课程的教材，还可供 Office 办公软件初学者自学。

♦ 主　编　徐 栋　张 萌
　　副 主 编　穆仁龙
　　责任编辑　马小霞
　　责任印制　王 郁　焦志炜

♦ 人民邮电出版社出版发行　　　北京市丰台区成寿寺路 11 号
　　邮编　100164　电子邮件　315@ptpress.com.cn
　　网址　https://www.ptpress.com.cn
　　三河市君旺印务有限公司印刷

♦ 开本：787×1092　1/16
　　印张：14.25　　　　　　　　2024 年 12 月第 1 版
　　字数：360 千字　　　　　　 2024 年 12 月河北第 1 次印刷

定价：59.80 元

读者服务热线：(010)81055256　印装质量热线：(010)81055316
反盗版热线：(010)81055315
广告经营许可证：京东市监广登字 20170147 号

前　言

随着社会经济的不断发展，职场竞争日益激烈，人们越来越重视人才的培养和发展。党的二十大报告指出，教育、科技、人才是全面建设社会主义现代化国家的基础性、战略性支撑。必须坚持科技是第一生产力、人才是第一资源、创新是第一动力，深入实施科教兴国战略、人才强国战略、创新驱动发展战略，开辟发展新领域新赛道，不断塑造发展新动能新优势。

在当代社会背景下，技能的重要性日益凸显，而自动化办公能力是衡量当代人才综合素养的重要因素之一。鉴于此，编者认真总结了以往教材的编写经验，并深入调研各地、各类院校的教材需求，组织了优秀的、具有丰富教学经验和实践经验的作者，精心编写了本书，旨在帮助各类院校快速培养优秀的技能型人才。

本书以 Windows 10 为平台，重点讲解 Word 文档编辑与排版、Excel 表格制作、PowerPoint 演示文稿制作等相关知识，从而培养读者使用常用办公软件完成日常办公事务、进行数据处理的综合能力，进而提高就业竞争力。通过学习本书，读者能够提高实际操作能力和动手能力，增强获取信息的意识、提高数字化学习与创新能力、树立正确的价值观、增强责任感。

本着"工学结合"的原则，本书在教学方法、教学内容和教学资源 3 个方面体现自身特色。

教学方法

本书采用"情景导入 + 任务讲解 + 项目实训 + 课后练习 + 高效办公"5 段教学法，将职业场景、软件知识、行业知识和办公技能等进行有机整合，各个环节环环相扣，浑然一体。

- **情景导入**：本书以日常办公场景展开，以主人公的实习情景为例引入各项目的教学主题，并贯穿于任务讲解的过程中，让读者了解相关知识在实际工作中的应用情况。本书设置的主人公如下。

  米拉：职场新进人员。

  老洪：米拉的直属上司和职场引路人。

- **任务讲解**：以实践为主，强调应用。每个任务先指出要做什么样的实例，以及制作的思路和需要用到的知识点；然后介绍完成该实例必须掌握的基础知识；最后详细讲解任务的实施过程。另外，在任务讲解过程中还穿插"多学一招"和"知识提示"小栏目，以扩充正文中未讲解的知识点。

- **项目实训**：结合任务讲解的内容和实际工作需要给出操作要求，提供适当的操作思路及步骤作为参考。

- **课后练习**：结合项目内容设计难度适中的课后练习，以帮助读者巩固所学知识。

- **高效办公**：以各项目涉及的知识点为主线，深入讲解智能办公在实际操作中的应用，让读者更便捷地操作软件，掌握更高效的办公技能。

教学内容

本书的教学目标是帮助读者掌握 Office 办公软件的相关应用，具体包括掌握 Word 2019、Excel 2019、PowerPoint 2019 的使用方法，以及 Office 各组件的协同使用方法。全书共 9 个项目，其内容可分为以下 4 个部分。

- **项目一～项目三**：主要讲解 Word 文档编辑软件的使用方法，包括 Word 的基本操作、编辑与美化文档内容、长文档的编排和审校，以及批量制作文档等。
- **项目四～项目六**：主要讲解 Excel 表格制作软件的使用方法，包括数据输入、编辑、格式设置、计算、管理和分析等。
- **项目七和项目八**：主要讲解 PowerPoint 演示文稿制作软件的使用方法，包括幻灯片的基本操作，幻灯片中对象的插入、动画的设置，以及演示文稿的放映输出等。
- **项目九**：使用 Office 组件制作综合案例，在完成案例的过程中，通过将一个组件的内容引用到另一个组件中，学习整合 Office 软件资源的操作。

 教学资源

本书的教学资源主要包括以下 3 个方面。

- **素材文件与效果文件**：包含书中实例涉及的素材与效果文件。
- **模拟试题库**：包含丰富的 Office 办公软件的试题，读者可自行组合不同的试卷进行测试。
- **PPT 课件和教学资源**：包含 PPT 课件和 Word 文档格式的教学教案，以便教师顺利开展教学工作。

特别提醒：本书的教学资源可在人邮教育社区（https://www.ryjiaoyu.com）搜索下载。

本书涉及的案例都提供二维码，扫码后即可查看对应的操作，方便读者灵活运用碎片时间，即时学习。

编者在编写本书的过程中倾注了大量心血，但恐仍有疏漏，恳请广大读者不吝赐教。

编　者
2024 年 5 月

目　录

项目三

Word特殊版式设计与批量
制作···61

项目四

Excel基础与编辑美化···79

项目五

Excel数据计算与管理·····108

项目六

Excel图表分析 …………… 133

项目七

PowerPoint 幻灯片制作

与编辑……………………152

项目八

幻灯片设置与放映输出 ····· 176

项目九

综合案例 ·············· 198

项目一
Word 基础与编辑美化

情景导入

米拉大学毕业后成功获得了德瑞科技有限责任公司的行政助理职位，从此开启了她的职业生涯。上班第一天，行政部的老洪先为她介绍了公司的业务和办公环境，再带她认识了同事。下午，为了让米拉快速适应行政助理的工作，老洪准备带她熟悉公司常用的办公软件，然后逐步为她安排后续的工作。

学习目标

- 了解Word的基础知识并掌握文档的基础操作。

掌握启动与退出 Word 2019 的方法，认识 Word 2019 的工作界面，了解自定义 Word 2019 的工作界面的方法；掌握新建文档、保存文档、保护文档、关闭文档、打开文档等操作。

- 掌握编辑和美化文档的方法。

掌握输入文本、修改与删除文本、移动与复制文本、查找与替换文本，以及设置字体格式和段落格式、设置项目符号与编号、设置边框和底纹等操作。

素质目标

- 充分认识Office办公软件在各行各业中的广泛应用，激发学习兴趣。
- 具备创新意识和创新精神，努力成为一名高素质技能型人才。

案例展示

▲"招聘简章"文档效果

▲"中秋节、国庆节放假通知"文档效果

任务一　了解Word基础知识

由于米拉之前没有系统地学习过Word的相关知识，因此她决定向老洪请教，而老洪乐于传授他的经验，给予米拉帮助。老洪告诉米拉，"工欲善其事，必先利其器"，首先要明白Word是一款功能强大的文字处理软件，主要用于处理文字，制作图文并茂的文档，还可以进行长文档的审校和特殊版式的编排等。要完全掌握这些操作，就必须从基础知识学起。

一、任务描述

（一）任务背景

Word是微软（Microsoft）公司研发的文档编辑软件，它为用户提供丰富的编辑、布局和共享等功能，无论是学生、教师还是商务人士，都可以使用Word轻松处理各类文字。在制作文档前，要明确文档编辑都是在Word工作界面中完成的。为提高文档的制作效率，用户可以先进入工作界面，再将其Word工作界面调整为适合自己操作的模式，包括自定义快速访问工具栏、自定义功能区和自定义视图模式。

（二）任务目标

（1）能够熟练掌握启动与退出Word的方法，并通过该操作举一反三，掌握其他应用程序的启动与退出方法。

（2）能够认识Word的工作界面，快速找到需要使用的选项卡或按钮。

（3）能够自定义Word的工作界面，使其符合自己的办公习惯。

二、任务实施

（一）启动与退出Word

启动代表一项程序开始，而退出代表一项程序结束。在Word的各种操作中，启动与退出是较为基础的操作。

1. 启动Word

在计算机中安装Office后便可启动相应的组件，Word、Excel、PowerPoint的启动方法均相同。以Word为例，其主要有以下两种启动方法。

- **通过"开始"菜单启动：** 在桌面左下角单击"开始"按钮 ，打开"开始"菜单，在其中选择【W】/【Word】菜单命令，如图1-1所示。
- **双击计算机中存放的Word文件启动：** 在计算机中找到并打开存放相关Word文档的文件夹，如图1-2所示，然后将鼠标指针移至Word文档上，双击鼠标左键（即双击），即可启动Word并打开该文档。

知识提示　　　　　　　　**关于 Office 组件的启动**

微软公司为了使用户可以轻松地在计算机上通过Metro界面的扁平化设计找到 Office的组件，并没有将Office组件的快捷方式放到一个文件夹中，因此用户可以在相应的首字母下找到对应的Office 2019组件。

图1-1　通过"开始"菜单启动　　　　　图1-2　双击计算机中存放的Word文件启动

2. 退出Word

完成文档的编辑后，就可以将该文档关闭并退出Word。退出Word的方法非常简单，主要有以下4种。

- 单击Word工作界面右上角的"关闭"按钮▣。
- 在Word工作界面中按【Alt+F4】组合键。
- 在Windows 10任务栏中的Word图标▣上单击鼠标右键，在弹出的快捷菜单中选择"关闭窗口"命令。
- 在Word工作界面的标题栏处单击鼠标右键，在弹出的快捷菜单中选择"关闭"命令。

（二）熟悉Word工作界面

通过"开始"按钮▣启动Word后，首先会进入"开始"界面，里面有一些预设的模板，也可单击"更多模板"超链接，打开"新建"界面。在其中根据需要进行选择，选择好后便可进入Word工作界面。

Word工作界面由"文件"菜单、标题栏、快速访问工具栏、控制按钮、功能区、功能区选项卡、智能搜索框、文档编辑区、状态栏等部分组成，如图1-3所示。

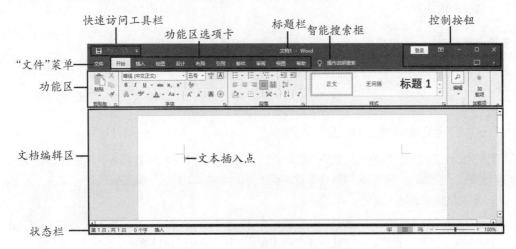

图1-3　Word工作界面

- **"文件"菜单**。Word的"文件"菜单与Office其他组件中的"文件"菜单类似，主要用于执行与该组件相关文档的新建、打开、保存、共享、导出、打印等基本操作。
- **标题栏**。标题栏显示的是当前工作界面所属程序和文档的名称，新建空白文档时默认为"文档1 – Word"。其中，"Word"是所属程序的名称，"文档1"是空白文档的系统暂定名。
- **快速访问工具栏**。快速访问工具栏以按钮的形式为用户提供一些常用命令，如"保存"按钮、"撤销键入"按钮和"重复键入"按钮等。
- **控制按钮**。控制按钮位于工作界面的右上角，包括登录按钮（用于登录Microsoft账户）、"功能区显示选项"按钮（可对选项卡和功能区进行显示和隐藏）、"最小化"按钮、"最大化"按钮、"关闭"按钮和"共享"按钮。其中，单击"最大化"按钮后，该按钮将变成"还原"按钮，单击该按钮后，可将工作界面还原到最大化之前的大小。
- **功能区**。Word 2019的工作界面集成了多个选项卡，每个选项卡代表Word 2019执行的一组核心任务，并将任务按不同功能分成若干组，如"开始"选项卡中有"剪贴板"组、"字体"组、"段落"组等。
- **功能区选项卡**。功能区与功能区选项卡有对应的关系，单击某个功能区选项卡可展开与其对应的功能区。功能区中有许多自适应窗口大小的组，每组又包含不同的按钮或下拉列表框等。有的组右下角会显示"对话框启动器"按钮，单击该按钮可打开相应的对话框或任务窗格等，以进行更详细的设置。
- **智能搜索框**。智能搜索框位于功能区选项卡右侧，通过智能搜索框，用户可轻松找到相关操作的说明。例如，需要在文档中插入目录时，可单击智能搜索框以定位文本插入点，然后输入"目录"文本，此时会显示一些关于目录的选项，只需要根据提示进行相关操作即可。
- **文档编辑区**。文档编辑区是输入与编辑文本的区域，对文本进行的各种操作及对应结果都会显示在该区域中。新建空白文档后，文档编辑区的左上角将显示一个闪烁的光标，该光标叫作文本插入点。文本插入点所在位置是文本的起始输入位置。在文档编辑区的右侧和底部还有垂直滚动条和水平滚动条，当窗口缩小或文档编辑区不能完全显示所有文本内容时，可拖动滚动条或单击滚动条两端的滚动按钮，将内容显示出来。
- **状态栏**。状态栏位于工作界面的最底端，主要用于显示当前文档的工作状态，包括文档页数、总页数、字数等。状态栏右侧是切换各种视图模式的按钮，以及调整页面显示比例的按钮与滑块等。

多学一招　　　　　　　　**通过鼠标滚轮快速缩放文档编辑区**

　　按住【Ctrl】键，向上滚动鼠标滚轮，可放大显示文档编辑区；向下滚动鼠标滚轮，可缩小显示文档编辑区。

（三）自定义Word 2019工作界面

由于Word工作界面中的板块大部分是默认的，根据使用习惯和操作需要，用户可自定义一个适合自己的工作界面。可自定义的板块包括快速访问工具栏、功能区、视图模式等。

1. 自定义快速访问工具栏

为了操作方便，用户可以在快速访问工具栏中添加常用的命令按钮或删除不需要的命令按钮，也可以移动快速访问工具栏。自定义快速访问工具栏的方法主要有以下3种。

- **添加常用的命令按钮：** 在快速访问工具栏右侧单击"自定义快速访问工具栏"按钮■，在打开的下拉列表中选择常用的命令选项，如选择"打开"选项，便可将"打开"命令按钮添加到快速访问工具栏中，如图1-4所示。
- **删除不需要的命令按钮：** 在快速访问工具栏中的某个命令按钮上单击鼠标右键，在弹出的快捷菜单中选择"从快速访问工具栏删除"命令，便可将相应的命令按钮从快速访问工具栏中删除，如图1-4所示。

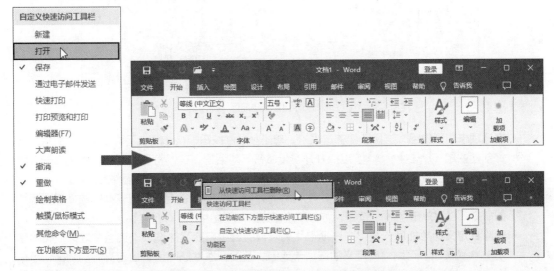

图1-4　在快速访问工具栏中添加或删除命令按钮

- **移动快速访问工具栏：** 在快速访问工具栏右侧单击"自定义快速访问工具栏"按钮■，在打开的下拉列表中选择"在功能区下方显示"选项，可将快速访问工具栏移动到功能区下方；完成上一步操作后，选择"在功能区上方显示"选项，可将快速访问工具栏还原到默认位置。

多学一招　　　　**通过"Word 选项"对话框自定义快速访问工具栏**

选择【文件】/【选项】命令，打开"Word 选项"对话框，在其左侧单击"快速访问工具栏"选项卡，在其右侧同样可以根据需要自定义快速访问工具栏的命令按钮或显示位置。

2. 自定义功能区

在Word 2019工作界面中，用户可以选择【文件】/【选项】命令，打开"Word 选项"对话框，在左侧单击"自定义功能区"选项卡，在右侧根据需要显示或隐藏相应的功能区选项卡、创建新的选项卡、在选项卡中创建组、在组中添加命令和删除自定义的功能区等，如图1-5所示。

- **显示或隐藏功能区选项卡：** "自定义功能区"下拉列表框中默认选择的是"主选项卡"，在"主选项卡"列表框中选中或取消选中相应的主选项卡复选框，可在功能区中显示或隐藏相应的主选项卡。
- **创建新的选项卡：** 在"自定义功能区"选项卡中单击 新建选项卡(W) 按钮，"主选项卡"列表框中将创建"新建选项卡（自定义）"复选框，选中该复选框，再单击 重命名(M)... 按钮，打开"重命名"对话框，在"显示名称"文本框中输入名称后，单击 确定 按钮，可重命名新建的选项卡。

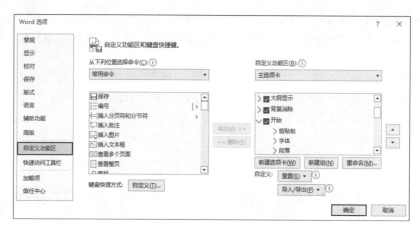

图1-5　自定义功能区

- **在选项卡中创建组：** 选择新建的选项卡，单击 新建组(N) 按钮，该选项卡下将创建一个新组。选择创建的组，单击 重命名(M)... 按钮，打开"重命名"对话框，在"符号"列表框中选择一个图标，在"显示名称"文本框中输入名称，再单击 确定 按钮，可重命名新建的组。
- **在组中添加命令：** 选择新建的组，在"从下列位置选择命令"下拉列表框中选择需要添加的命令，然后单击 添加(A) >> 按钮，可将所选命令添加到组中。
- **删除自定义的功能区：** 在"主选项卡"列表框中选中自定义的选项卡或组的复选框，再单击 << 删除(R) 按钮，可删除自定义的选项卡或组。若要一次性删除所有自定义的功能区，可单击 重置(E) ▼ 按钮，在打开的下拉列表中选择"重置所有自定义项"选项，再在打开的"提示"对话框中单击 是(Y) 按钮。

3. 自定义视图模式

Word的文档编辑区包含多个元素，如标尺、网格线、导航窗格、滚动条等，用户在编辑文档时，可以根据需要隐藏某些元素或将隐藏的元素显示出来。

- 在【视图】/【显示】组中选中或取消选中标尺、网格线和导航窗格对应的复选框，可在文档中显示或隐藏相应的元素，如图1-6所示。
- 打开"Word 选项"对话框，在左侧单击"高级"选项卡，在右侧的"显示"栏中选中或取消选中"显示水平滚动条""显示垂直滚动条"或"在页面视图中显示垂直标尺"复选框，可在文档中显示或隐藏相应的元素，如图1-7所示。

图1-6　在"视图"选项卡中设置显示或隐藏元素

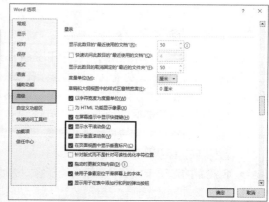

图1-7　在"Word 选项"对话框中设置显示或隐藏元素

任务二　制作"培训通知"文档

　　招聘结束后，公司新进了许多员工，为了提高新进员工的工作效率和适应能力，以及提高老员工的业务能力，公司计划在下周举办一场业务培训。由于老洪最近比较忙，因此他将制作"培训通知"文档的任务交给了米拉，顺便考察米拉的文档制作能力。本任务的参考效果如图1-8所示。

素材所在位置　素材文件 \ 项目一 \ 培训通知.txt

效果所在位置　效果文件 \ 项目一 \ 培训通知.docx

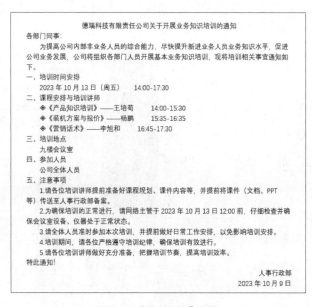

图1-8　"培训通知"文档

一、任务描述

（一）任务背景

　　通知是指向特定受文对象告知或传达有关事项或文件，让受文对象知道或执行的公文。在日常办公场景中，使用较多的通知是培训通知。培训的目的不同，培训通知包含的内容也会有所不同，但培训目的、培训时间、培训地点、培训对象、培训要求、培训注意事项等内容都是需要体现的。本任务将制作"培训通知"文档，涉及的操作主要有新建、保存、保护、关闭文档，以及输入、修改、删除、移动、复制、查找、替换文本等。

（二）任务目标

　　（1）能够新建文档，并将文档保存为所需要的格式。

　　（2）能够在文档中输入需要的内容，如文本、符号等。

　　（3）能够根据需要编辑文本内容，如修改与删除文本、移动与复制文本、查找与替换文本。

　　（4）能够保护文档，防止他人随意查看。

二、任务实施

（一）新建并保存文档

启动Word 2019后，系统将自动新建一个名为"文档1"的空白文档，用户可在其中直接输入并编辑文本，同时为方便以后查看和编辑文档，还可以将制作的文档保存到计算机中，其具体操作如下。

（1）单击"开始"按钮，打开"开始"菜单，在其中选择【W】/【Word】菜单命令，打开"开始"选项卡，选择"空白文档"选项，如图1-9所示。

（2）进入Word 2019的工作界面，在快速访问工具栏中单击"保存"按钮，或按【Ctrl+S】组合键，或选择【文件】/【保存】命令，打开"另存为"选项卡，在右侧界面中选择"浏览"选项，如图1-10所示。

图1-9 新建空白文档

图1-10 选择文档保存位置

（3）打开"另存为"对话框，在左侧的导航窗格中选择保存文档的磁盘，在"文件名"下拉列表框中输入"培训通知"文本，保持"保存类型"下拉列表框的默认选择，然后单击 保存(S) 按钮，如图1-11所示。

（4）返回文档后，可发现文档的系统默认标题"文档1"已变为"培训通知"，如图1-12所示。

图1-11 设置文档保存参数

图1-12 查看保存后的文档效果

知识提示   **另存为文档**

　　在编辑已保存过的文档后，单击"保存"按钮🖬，或选择【文件】/【保存】命令，或按【Ctrl+S】组合键，将不再打开"另存为"界面，而是直接保存。若要将文档另存到其他位置，或以其他名称保存，则可选择【文件】/【另存为】命令，在打开的"另存为"界面中选择"浏览"选项并执行相应的操作。

（二）输入文本内容

微课视频

输入文本内容

　　新建并保存文档后，接下来就需要在文档编辑区中输入普通文本和特殊字符等内容，其具体操作如下。

　　（1）将文本插入点定位至文档第一行的中间位置，当鼠标指针变成⫶形状时，双击，再输入"德瑞科技有限责任公司关于开展业务培训的通知"的标题文本，如图1-13所示。

　　（2）按【Enter】键换行，再将鼠标指针移至该行行首的位置，当鼠标指针变成⫶形状时，双击，输入"培训通知.txt"文本文档中的内容，如图1-14所示。

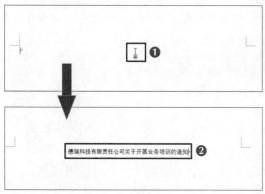

图1-13　输入标题文本

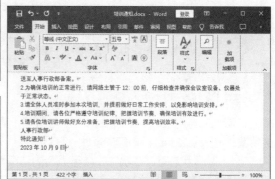

图1-14　输入其他文本

知识提示   **启用 Word 2019 的"即点即输"功能**

　　文本插入点默认位于每一行的行首，通过启用"即点即输"功能可定位文本插入点的位置。其方法为：选择【文件】/【选项】命令，打开"Word选项"对话框，在左侧单击"高级"选项卡，在右侧选中"启用'即点即输'"复选框，再单击 确定 按钮。

　　（3）将文本插入点定位至"《产品知识培训》"文本的左侧，在【插入】/【符号】组中单击"符号"按钮Ω，在打开的下拉列表中选择"其他符号"选项，如图1-15所示。

　　（4）打开"符号"窗口，在"符号"选项卡中的"字体"下拉列表框中选择"Wingdings 2"选项，在下方的列表框中选择图1-16所示的特殊符号后，单击 插入(I) 按钮。

　　（5）将文本插入点定位至"《装机方案与报价》"文本和"《营销话术》"文本的左侧，插入同样的特殊符号后，关闭"符号"窗口。

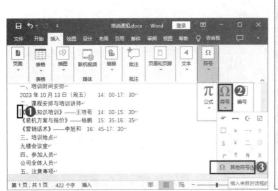

图1-15 选择"其他符号"选项

图1-16 选择特殊符号

多学一招   **使用软键盘输入符号**

　　在搜狗输入法状态条的"输入方式"按钮▦上单击鼠标右键，在弹出的快捷菜单中选择任意一种符号类型，在打开的软键盘中可看到该符号类型下的所有符号，将鼠标指针移至要输入的符号上，当其变为🖑形状时，单击该符号或按键盘上相应的键，即可输入所需符号。

（三）修改与删除文本

　　在输入文本内容时，难免会出现语句遗漏、输入错误字词或重复输入的情况，此时就需要进行相应的修改，其具体操作如下。

微课视频

修改与删除文本

　　（1）默认状态下，在状态栏中可以看到"插入"字样，这表示当前文档处于插入状态，将文本插入点定位至标题中"开展业务"文本右侧，输入"知识"文本，文本插入点后面的内容将随文本的插入自动向后移动，如图1-17所示。

　　（2）在状态栏中单击 插入 按钮，切换至改写状态，然后将文本插入点定位至"现将培训相关适宜通知如下"文本中"相关"文本的右侧，输入"事宜"文本，替换原来错误的文本，如图1-18所示。

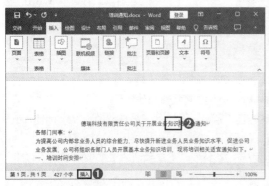

图1-17 插入文本

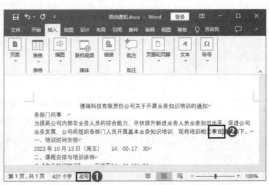

图1-18 改写文本

知识提示　　　　　　　　　　**改写文本注意事项**

当不需要改写文本时，应单击状态栏中的改写按钮或按【Insert】键，切换至插入状态，避免下次在输入文本时自动改写文本。

（3）将文本插入点定位至"请各位严格遵守培训纪律，"文本右侧，选择"把握培训节奏，"文本，按【Delete】键删除所选文本，如图1-19所示。若未选择文本，按【Delete】键可删除文本插入点后的文本，按【Backspace】键可删除文本插入点前的文本。

图1-19　删除文本

多学一招　　　　　　　　　　**选择文本内容**

将鼠标指针移至文本编辑区左侧，当鼠标指针变为形状时，单击可选择该行文本；双击可选择该段文本；连续单击3次可选择所有文本；按【Ctrl+A】组合键可选择所有文本。

（四）移动与复制文本

在编辑文档时，若要改变文本的先后顺序，可将文档中的某部分文本内容移动到另一个位置，使文档读起来更加通畅。若需要添加相同内容的文本，可通过复制操作在多个位置进行输入，避免重复操作，以提高工作效率，其具体操作如下。

（1）选择倒数第二段文本，在【开始】/【剪贴板】组中单击"剪切"按钮，再将文本插入点定位至"人事行政部"文本的左侧，在【开始】/【剪贴板】组中单击"粘贴"按钮，如图1-20所示。

微课视频

移动与复制文本

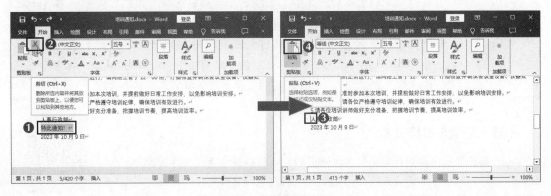

图1-20　剪切并粘贴文本

（2）返回文档后，可查看移动文本后的效果。

> **多学一招** 拖动鼠标指针或使用组合键移动文本
>
> 选择需要移动的文本，当鼠标指针变成形状时，拖动鼠标指针可将其移至目标位置；或按【Ctrl+X】组合键，将选择的文本放至剪贴板中，然后将文本插入点定位到目标位置，再按【Ctrl+V】组合键粘贴文本。

（3）选择"一、培训时间安排"下方的"2023年10月13日"文本，在【开始】/【剪贴板】组中单击"复制"按钮，再将文本插入点定位至"请网络主管于12：00前"中"12：00"文本的左侧，在【开始】/【剪贴板】组中单击"粘贴"按钮，如图1-21所示。

图1-21　复制并粘贴文本

（4）返回文档后，可查看复制文本后的效果。

> **多学一招** 拖动鼠标指针或使用组合键复制文本
>
> 选择需要复制的文本，按住【Ctrl】键的同时将其拖动到目标位置；或按【Ctrl+C】组合键，将选择的文本放至剪贴板中，然后将文本插入点定位到目标位置，再按【Ctrl+V】组合键粘贴文本。

> **知识提示** "粘贴选项"按钮的作用
>
> 剪切或复制文本后，文本右侧将出现"粘贴选项"按钮，或在【开始】/【剪贴板】组中单击"粘贴"按钮下方的下拉按钮，在打开的下拉列表中可选择不同的粘贴选项对剪切或复制的文本进行不同格式的粘贴操作。一般情况下，粘贴选项下拉列表中包含4个按钮，即"保留源格式"按钮、"合并格式"按钮、"图片"按钮和"只保留文本"按钮。

（五）查找与替换文本

微课视频

查找与替换文本

在一篇长文档中需要查看某个字词的位置，或是将某个字词全部替换为另外的字词时，如果逐个查找并修改将花费大量的时间，且容易漏改，此时可以使用Word的查找功能查找任意字符，如中文、英文、数字、标点、符号等，然后通过替换功能进行统一修改，其具体操作如下。

（1）将文本插入点定位至首行，在【开始】/【编辑】组中单击"查找"按钮右侧的下拉按

钮 ，在打开的下拉列表中选择"高级查找"选项，如图1-22所示。

（2）打开"查找和替换"对话框，在"查找"选项卡中的"查找内容"下拉列表框中输入中文状态下的"："，然后单击 查找下一处(F) 按钮，系统将查找第一个符合条件的文本，如图1-23所示。

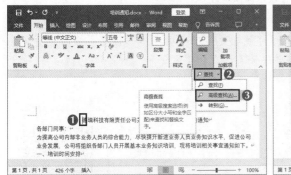

图1-22 选择"高级查找"选项　　　　　　　图1-23 查找第一个符合条件的文本

（3）选择除标题文本和受文对象外的所有文本，单击 在以下项中查找(I) 按钮，在打开的下拉列表中选择"当前所选内容"选项，系统将自动在所选文本中查找相应的查找内容，并在对话框中显示与查找内容相匹配的文本的总数目，如图1-24所示。

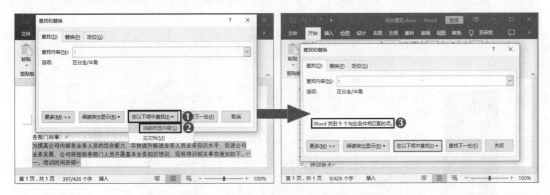

图1-24 查找文档中符合条件的所有文本

（4）单击"替换"选项卡，在"替换为"下拉列表框中输入英文状态下的"："，然后单击 全部替换(A) 按钮，如图1-25所示。

（5）在打开的提示对话框中单击 否(N) 按钮，不替换文档的其余内容，然后返回"查找和替换"对话框，单击 关闭 按钮关闭对话框，如图1-26所示。

图1-25 替换文本　　　　　　　　　　　图1-26 完成替换

（6）分别在培训目的和培训事宜相关段落前按4次【Space】键，使各段落前空上两个字符的距离，便于受文对象阅读，然后使用同样的方法将最后两段文本移至页面右侧。

多学一招 　　　　　　　　　　**设置替换条件**

按【Ctrl+H】组合键可打开"查找和替换"对话框，并默认选择"替换"选项卡，单击 更多(M) >> 按钮，可展开更多搜索选项，如设置查找时区分大小写、是否使用通配符、是否查找带有格式的文本等。

（六）保护文档

微课视频

保护文档

在日常办公场景中，有一些文件非常重要，如合同、技术资料、立项报告、重要图纸等。为了防止他人查看或随意更改文档，用户可以对这些文档进行加密保护，其具体操作如下。

（1）选择【文件】/【信息】命令，打开"信息"界面，单击"保护文档"按钮，在打开的下拉列表中选择"用密码进行加密"选项，如图1-27所示。

（2）打开"加密文档"对话框，在"密码"文本框中输入文档保护密码，如"123456"，然后单击 确定 按钮，打开"确认密码"对话框，在"重新输入密码"文本框中输入同样的密码"123456"后，单击 确定 按钮，如图1-28所示。

图1-27　选择"用密码进行加密"选项

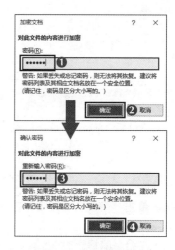

图1-28　设置保护密码

（3）密码设置完成后，"保护文档"按钮右侧将出现"必须提供密码才能打开此文档。"字样，如图1-29所示。

（4）单击"返回"按钮返回工作界面，在快速访问工具栏中单击"保存"按钮保存设置，然后关闭该文档。再次打开该文档时，将弹出"密码"对话框，在文本框中输入密码后，单击 确定 按钮才能打开该文档，如图1-30所示。

知识提示 　　　　　　　　　　**密码设置技巧**

文档保护密码最好由字母、数字、符号组成。密码长度应大于等于6个字符。另外，记住密码也很重要，若忘记文档保护密码，将无法打开文档。

图1-29 设置密码后的效果

图1-30 使用密码打开文档

（七）关闭文档

微课视频

关闭文档

在文档中完成文本的输入与编辑，并将其保存到计算机中后，若不想退出Word 2019，则可选择关闭当前编辑的文档，其具体操作如下。

（1）选择【文件】/【关闭】命令，该文档将关闭但不会退出Word 2019，如图1-31左图所示。

（2）若打开的文档有多个，则只关闭当前文档；若打开的文档只有一个，关闭文档后，Word 2019工作界面将显示图1-31右图所示的效果。

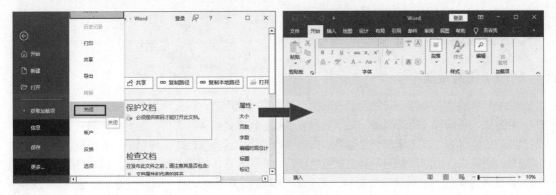

图1-31 关闭文档

任务三 编辑"招聘简章"文档

公司近来业务量增加，人手不够，现在销售部急需招聘一名销售总监和5名销售员。于是，老洪安排米拉对"招聘简章"文档进行美化处理，使其展示效果更加精美，以吸引优秀的人才前来应聘，满足公司的用人需求。公司领导明确规定，招聘内容要主次分明、效果美观。本文档的参考效果如图1-32所示。

素材所在位置 素材文件 \ 项目一 \ 招聘简章.docx

效果所在位置 效果文件 \ 项目一 \ 招聘简章.docx

图1-32 "招聘简章"文档

一、任务描述

（一）任务背景

招聘简章是用人单位面向社会公开招聘有关人员时使用的一种应用文书，是企业获得社会人才的一种方式。在编写"招聘简章"文档前，应了解公司需要招聘的职位、时间、招聘方式、地点、薪水和职位要求等，以方便求职者参考。在制作招聘简章这类文档时，内容要简明扼要，并能直截了当地说明需求。招聘简章的内容主要包括标题、招聘要求、招聘人数、待遇、应聘方式等具体事项。本任务将编辑"招聘简章"文档，用到的操作主要有打开文档，以及设置字体格式、段落格式、项目符号与编号、边框和底纹等。

（二）任务目标

（1）能够根据需要设置文档的字体格式和段落格式。

（2）能够为文档中的文本或段落添加项目符号、编号、边框、底纹等，以达到美化文档的目的。

二、任务实施

（一）打开文档

要查看或编辑保存在计算机中的文档时，必须先打开该文档。打开文档的方法有多种，既可以在保存文档的位置双击文件图标打开文档，也可以在Word 2019工作界面中打开所需文档，其具体操作如下。

微课视频

打开文档

（1）打开任意一个文档，按【Ctrl+O】组合键，或选择【文件】/【打开】命令，打开"打开"界面，选择"浏览"选项，如图1-33所示。

（2）打开"打开"对话框，在地址栏中选择文档的保存路径，在编辑区中选择"招聘简章.docx"文件选项，然后单击 打开(O) 按钮，如图1-34所示。

图1-33 选择"浏览"选项　　　　　　　　　图1-34 选择需要打开的文档

（二）设置字体格式

默认情况下，在文档中输入的文本都采用系统默认的字体格式，但不同的文档需要应用不同的字体格式。因此，在完成文本输入后，还需要设置文本的字体格式，包括文本的字体、字号、字形和颜色等，其具体操作如下。

微课视频
设置字体格式

（1）选择标题文本，将鼠标指针移至出现的浮动工具栏上，在"字体"下拉列表框中选择"方正品尚中黑简体"选项，如图1-35所示。

（2）保持文本的选择状态，在浮动工具栏中的"字号"下拉列表框中选择"小初"选项，如图1-36所示。

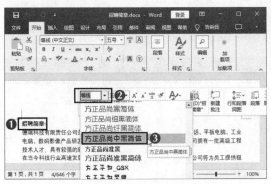

图1-35 在浮动工具栏中设置字体　　　　　　图1-36 在浮动工具栏中设置字号

（3）保持文本的选择状态，在【开始】/【字体】组中单击"加粗"按钮**B**，再在该组中单击"字体颜色"按钮**A**右侧的下拉按钮﹀，在打开的下拉列表中选择"深红"选项，如图1-37所示。

（4）按住【Ctrl】键，同时选择"销售总监 1人"文本和"销售员 5人"文本，在【开始】/【字体】组中的"字体"下拉列表框中选择"方正大雅宋_GBK"选项，在"字号"下拉列表框中选择"小二"选项，再单击"加粗"按钮**B**和"倾斜"按钮*I*，效果如图1-38所示。

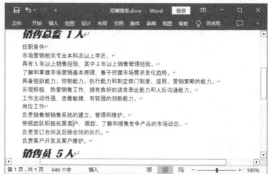

图1-37　在"字体"组中设置字体颜色　　　　图1-38　在"字体"组中设置字体、字号与字形

（5）选择除标题文本、"销售总监 1人"文本及"销售员 5人"文本外的其他文本，在【开始】/【字体】组中设置"字体"为"方正仿宋简体"。

多学一招　　　　　　　　**其他字体格式设置**

　　在【开始】/【字体】组中单击"下划线"按钮U，可为文本设置下划线；在该组中单击"增大字号"按钮A⁺或"缩小字号"按钮A⁻，可将所选文本的字号增大或缩小。在浮动工具栏和"字体"对话框中均可找到相应的设置选项。

（三）设置段落格式

　　段落是指文字、图形、其他对象的集合，回车符↵是段落结束的标记。设置段落对齐方式、缩进、行间距、段间距等格式，可以使文档的结构更加清晰、层次更加分明，其具体操作如下。

微课视频
设置段落格式

（1）按住【Ctrl】键，同时选择标题文本、"销售总监 1人"文本及"销售员 5人"文本，然后在【开始】/【段落】组中单击"居中"按钮≡，如图1-39所示。

（2）选择最后3段文本，在【开始】/【段落】组中单击"右对齐"按钮≡，如图1-40所示。

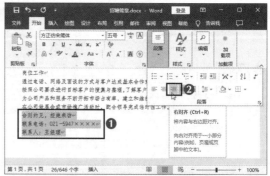

图1-39　设置文本居中对齐　　　　　　　图1-40　设置文本右对齐

（3）选择介绍公司的相关文本，以及"任职条件"和"岗位工作"文本下方的多行文本（"任职条件"和"岗位工作"文本不选），在【开始】/【段落】组中单击右下角的"对话框启动器"按钮，打开"段落"对话框，在"缩进和间距"选项卡中的"特殊"下拉列表框中选择

"首行"选项，其右侧的"缩进值"数值微调框中将自动显示为"2 字符"，如图1-41所示，然后单击 确定 按钮。

（4）按【Ctrl+A】组合键全选文本，再次打开"段落"对话框，在"缩进和间距"选项卡中的"行距"下拉列表框中选择"多倍行距"选项，在其右侧的"设置值"数值微调框中输入"1.1"，然后单击 确定 按钮，如图1-42所示。

图1-41　设置缩进　　　　　　　　　　　　图1-42　设置行距

（5）同时选择"销售总监 1人"和"销售员 5人"文本，打开"段落"对话框，在"缩进和间距"选项卡中的"间距"栏中设置"段前""段后"数值微调框均为"0.5 行"。

（6）使用同样的方法设置倒数第三行"合则约见，拒绝来访"文本的"段前"数值微调框为"0.5 行"。

（四）设置项目符号与编号

在制作文档时，使用项目符号与编号功能可以为属于并列关系的段落添加●、★、◆等样式的项目符号，或添加"1.2.3."或"A.B.C."样式的编号，还可组成多级列表，使文档层次分明、条理清晰，其具体操作如下。

微课视频

设置项目符号与编号

（1）按住【Ctrl】键，同时选择"销售总监 1人"文本下方的"任职条件"文本和"岗位工作"文本，在【开始】/【段落】组中单击"项目符号"按钮右侧的下拉按钮∨，在打开的下拉列表中选择图1-43所示的选项。

（2）保持文本的选择状态，再次单击"项目符号"按钮≡右侧的下拉按钮∨，在打开的下拉列表中选择"定义新项目符号"选项。

（3）打开图1-44所示的"定义新项目符号"对话框，单击 字体(F)... 按钮，打开"字体"对话框，在"字体"选项卡中的"字体颜色"下拉列表框中选择"蓝色，个性色 1，深色 25%"选项，然后依次单击 确定 按钮，返回文档，如图1-45所示。

（4）将文本插入点定位至"销售总监 1人"文本下方的"任职条件"文本的右侧，在【开始】/【剪贴板】组中双击"格式刷"按钮，当鼠标指针变成形状时，选择"销售员 5人"文本下方的"任职条件"文本和"岗位工作"文本，为其设置相同的格式。

图1-43　添加项目符号

图1-44　"定义新项目符号"对话框

（5）按【Esc】键，退出格式刷状态，然后选择"销售总监 1人"文本中"任职条件"文本下方的6行文本，在【开始】/【段落】组中单击"编号"按钮≡右侧的下拉按钮∨，在打开的下拉列表中选择图1-46所示的选项。

图1-45　设置项目符号的颜色

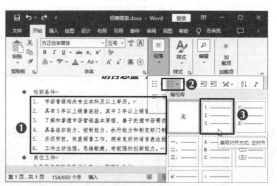

图1-46　添加编号

（6）使用同样的方法为其他同级的文本添加相同样式的编号。

（五）设置边框和底纹

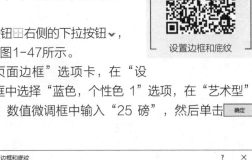

在Word文档的编辑过程中，为文档设置边框和底纹可以突出文本重点，并达到美化的目的。但是，在实际操作过程中，不宜设置繁杂的底纹或边框效果，否则会适得其反。其具体操作如下。

（1）在【开始】/【段落】组中单击"边框"按钮▦右侧的下拉按钮⌄，在打开的下拉列表中选择"边框和底纹"选项，如图1-47所示。

（2）打开"边框和底纹"对话框，单击"页面边框"选项卡，在"设置"栏中选择"方框"选项，在"颜色"下拉列表框中选择"蓝色，个性色 1"选项，在"艺术型"下拉列表框中选择图1-48所示的样式，在"宽度"数值微调框中输入"25 磅"，然后单击 确定 按钮返回文档。

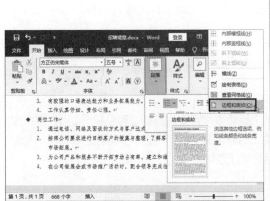

图1-47　选择"边框和底纹"选项　　　　图1-48　设置页面边框

（3）按住【Ctrl】键，同时选择"销售总监 1人"及"销售员 5人"文本，再次打开"边框和底纹"对话框，单击"底纹"选项卡，在"填充"下拉列表框中选择"蓝色，个性色 1，深色25%"选项，然后单击 确定 按钮，如图1-49所示。

（4）保持文本的选择状态，在【开始】/【字体】组中单击"字体颜色"按钮▲右侧的下拉按钮⌄，在打开的下拉列表中选择"白色，背景 1"选项。

（5）选择最后3行文本，在【开始】/【段落】组中单击"底纹"按钮⬚右侧的下拉按钮⌄，在打开的下拉列表中选择"灰色，个性色 3，淡色 60%"选项，如图1-50所示。

（6）按【Ctrl+S】组合键保存文档，完成"招聘简章"文档的美化。

多学一招　　　　　　　　**设置边框与文本的距离**

在"边框和底纹"对话框中的"边框"选项卡或"页面边框"选项卡中单击 选项(O)... 按钮，打开"边框和底纹选项"对话框，在"距正文间距"或"边距"栏的"上""下""左""右"数值微调框中输入距离值后，单击 确定 按钮，可设置边框与文本的距离，以及边框与页边的距离。

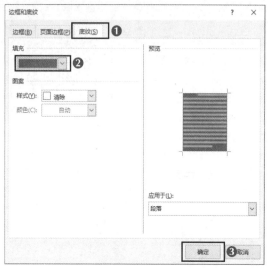

图1-49　设置段落底纹

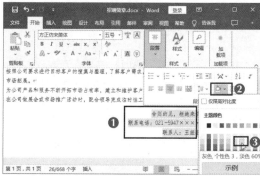

图1-50　设置文字底纹

实训一　制作"中秋节、国庆节放假通知"文档

【实训要求】

当学校、公司、企事业单位遇到节假日或是某个重要事件需要广而告之时，就会制作通知类的文档，如放假通知、会议通知、活动通知等。这类文档通常需要采用简洁明了的语言和格式，以确保信息能准确传达和易于理解。本实训制作完成后的文档效果如图1-51所示。

效果所在位置　效果文件\项目一\中秋节、国庆节放假通知.docx

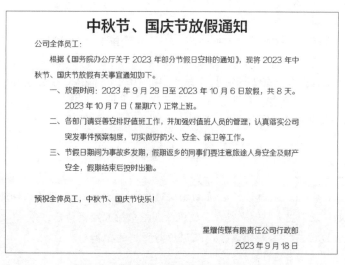

图1-51　"中秋节、国庆节放假通知"文档

【实训思路】

　　制作放假通知文档时，首先要确定通知的目标或受众群体，再输入通知的标题和正文内容，最后编辑和保存文本内容。需要注意的是，通知文档的语言应简洁明了、内容应清晰易懂、突出重点，并且确保放假日期和时间等关键信息能够准确无误地传达给员工，以便员工及时做好放假安排。同时要确保通知内容符合公司政策和法律法规。

【步骤提示】

　　要完成本实训，需要先新建文档，然后输入并编辑文本，最后将制作完成的文档保存到计算机中。具体步骤如下。

　　（1）新建一个空白文档，在其中输入放假通知的内容。

　　（2）分别设置标题文本和正文文本的字体格式和段落格式，然后为部分正文文本添加编号。

　　（3）将文档以"中秋节、国庆节放假通知"为名保存到计算机中。

实训二　编辑"招标公告"文档

【实训要求】

　　当遇到需要建设大型基础设施、公共事业等关系社会公共利益、公众安全的项目时，就会进行招标，并发布"招标公告"。"招标公告"文档的内容必须简洁、准确，文档的格式必须规范、合理。本实训制作完成后的文档效果如图1-52所示。

素材所在位置　素材文件\项目一\招标公告.docx

效果所在位置　效果文件\项目一\招标公告.docx

租赁经营招标公告

五牛区电力系统各单位：
　　为了搞活民营企业，根据中共中央《关于经济体制改革的决定》精神，决定对五牛区高新电力设备厂实行租赁经营，特公告如下。
　　一、租赁期限定为　5　年，即从　2023　年　8　月起至　2028　年　8　月底止。
　　二、租赁方式，可以个人承租，也可以合伙承租或集体承租。
　　三、租赁企业在　电力　系统实行公开招标，投标人必须符合下列条件：
　　　　1.　电力系统的正式职工（包括离退休职工）；
　　　　2.　具有一定的文化水平、管理知识和经营能力；
　　　　3.　要有一定的家庭财产和两名以上有一定财产和正当职业的本市居民作保证（合伙、集体租赁可不要保证人）。
　　四、凡愿参加投标者，请于　2023　年　6　月　1　日至　6　月　30　日至　经贸　申请投标，领取标书。七日内提出投标方案，　7　月　15　日进行公开答辩，确定中标人。
　　五、五牛电力管理有限公司招标办公室为投标者免费提供咨询服务。
地点：江口市五牛区创业路铂金商务楼2楼
咨询服务时间：　2023　年5月16日至31日
上午：9:00～12:00
下午：13:00～17:00（节假日休息）
联系电话：013-82345678

高新电力服务中心
2023年5月12日

图1-52　"招标公告"文档

【实训思路】

　　招标公告是指招标单位或招标人在进行科学研究、技术攻关、工程建设、合作经营或商品交易时，公布标准和条件，提出价格和要求等项目内容，选择承包单位或承包人的一种文书。制作招标公告时，要注意将信息表达清晰、准确和详尽，遵循相关法规和公司政策，确保公正、透明和公平的招标过程。同时，同级别的内容可以用编号进行排列，对于时间等内容可以添加下划线，预留出填写位置，最后根据实际情况进行必要的调整和补充。

【步骤提示】

要完成本实训，需要先打开素材文档，然后编辑文本，并设置文本的字体格式和段落格式。具体步骤如下。

（1）打开"招标公告.docx"文档，将"通告"文本替换为"公告"文本，将落款的署名移到落款的日期上方。

（2）将标题文本的字体格式设置为"黑体""小二""居中""加粗"，将落款设置为"右对齐"。

（3）依次为日期或时间等特殊内容添加下划线。

（4）为公告中的正文文本添加编号。

（5）为"投标人必须符合下列条件"下方的3段内容添加下一级编号，并增加文本缩进量。

课后练习

练习1：制作"授权委托书"文档

本练习要求在新建的文档中输入需要的文本内容，并对文本的字体格式和段落格式进行设置，使文档内容整齐、规范。参考效果如图1-53所示。

 效果所在位置 效果文件\项目一\授权委托书.docx

图1-53 "授权委托书"文档

操作要求如下。

● 新建并保存"授权委托书"文档。在文档中输入相关内容后，分别设置标题文本和正文文本的字体格式和段落格式。

● 为最后3段文本添加编号和底纹。

练习2：编辑"会议纪要"文档

本练习要求打开素材文件中的"会议纪要.docx"文档，在其中移动和修改文本后，对文档进行编辑美化。参考效果如图1-54所示。

素材所在位置 素材文件\项目一\会议纪要.docx

效果所在位置 效果文件\项目一\会议纪要.docx

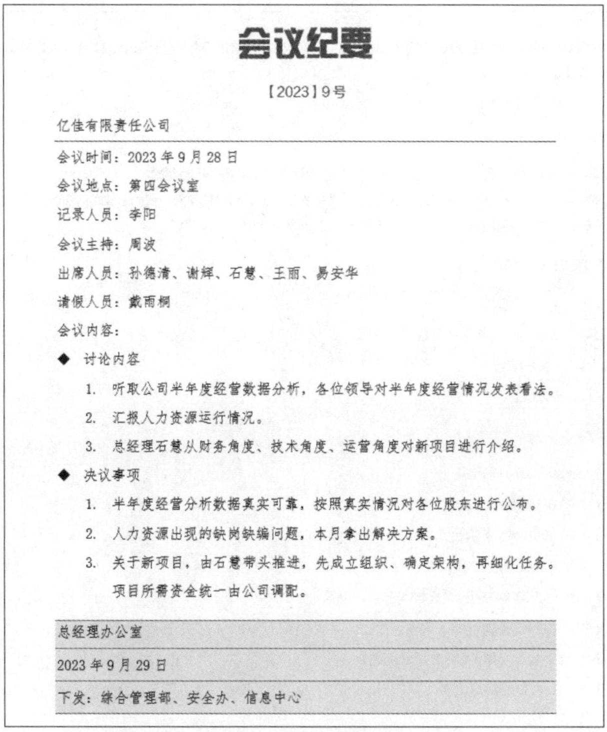

会议纪要

【2023】9号

亿佳有限责任公司

会议时间：2023 年 9 月 28 日

会议地点：第四会议室

记录人员：李阳

会议主持：周波

出席人员：孙德清、谢辉、石慧、王丽、易安华

请假人员：戴雨桐

会议内容：

◆ 讨论内容

1. 听取公司半年度经营数据分析，各位领导对半年度经营情况发表看法。
2. 汇报人力资源运行情况。
3. 总经理石慧从财务角度、技术角度、运营角度对新项目进行介绍。

◆ 决议事项

1. 半年度经营分析数据真实可靠，按照真实情况对各位股东进行公布。
2. 人力资源出现的缺岗缺编问题，本月拿出解决方案。
3. 关于新项目，由石慧带头推进，先成立组织、确定架构，再细化任务。项目所需资金统一由公司调配。

总经理办公室

2023 年 9 月 29 日

下发：综合管理部、安全办、信息中心

图1-54 "会议纪要"文档

操作要求如下。

● 打开"会议纪要.docx"文档，将"亿佳有限责任公司"文本移动到"会议时间：2023年9月28日"文本上方，再将请假人员"田芳"修改为"戴雨桐"。

● 分别设置标题文本和正文文本的字体格式、段落格式，以及对齐方式，然后为最后3行文本设置边框和底纹。

● 为"讨论内容""决议事项"文本添加项目符号，再为其下的多行文本添加编号。

高效办公——使用文心一言快速编写办公文档

文心一言是百度推出的全新一代知识增强大语言模型，能够与用户对话互动、回答问题、协助创作，可以高效、便捷地帮助用户获取信息、知识和灵感。文心一言的应用范围十分广泛，它不仅能够与用户进行逼真的自然语言交互，还可以协助用户搜索、写作、分析数据等，从而大大提高用户的办公效率。下面用编写会议通知的实例，介绍文心一言的使用方法。

1. 明确写作主旨

在使用文心一言编写会议通知之前，要明确会议通知的具体内容，如召开会议的目的、会议时间和地点、参会人员、议题、要求等，以确保会议顺利召开。

2. 向文心一言提出要求

围绕写作主旨向文心一言提问，提问时注意明确关键词、重点等。通常来说，问题越详细，文心一言生成的内容就越符合要求。假设以"请帮我写一篇会议通知，会议目的是'年度工作总结'，会议时间是2023年9月15日，会议地点是六楼会议室，要求全体人员必须参与。"为例进行提问，提问后的效果如图1-55所示。

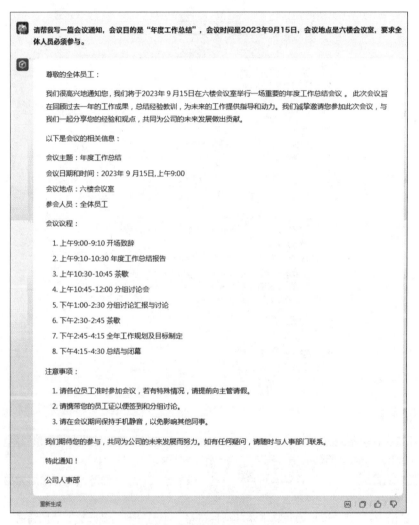

图1-55　使用文心一言编写文档

如果文心一言的回答不符合要求，可以通过更换关键词、重复提问等形式，要求文心一言对文档进行完善，或单击"重新生成"超链接生成新的文档。

3. 完善文档内容

将文心一言写作的文档整理到Word文档中，删除或修改其中不符合要求的内容，即可快速完成会议通知内容的编写。

项目二
Word 文档图文混排与审阅

情景导入

　　米拉进入公司已有一段时间，在此期间，她的办公技能在老洪的指导下得到了快速提升。然而，她仍面临着一些挑战，例如，如何制作图文并茂的文档、如何创建长文档的目录、如何使各级标题保持一致的格式等。为了克服这些困难，老洪建议米拉进一步学习Word的相关操作，以不断完善办公技能。

学习目标

- 掌握图文混排的方法。
  掌握插入并编辑图片、艺术字、形状、文本框、SmartArt 图形、表格等对象的操作。
- 掌握编排和审阅文档的方法。
  掌握应用主题与样式、使用大纲视图查看并编辑文档、使用题注和交叉引用、设置脚注和尾注、设置页眉和页脚、添加封面和目录，以及使用文档结构图查看文档、使用书签快速定位目标位置、拼写和语法检查、统计文档字数或行数、添加批注、修订文档、合并文档等操作。

素质目标

- 养成独立思考与探索学习的能力，提升对文字、图片类资料的搜集与应用能力。
- 进一步提升文档的整体编排能力，不断加强理论学习，努力充实自己。

案例展示

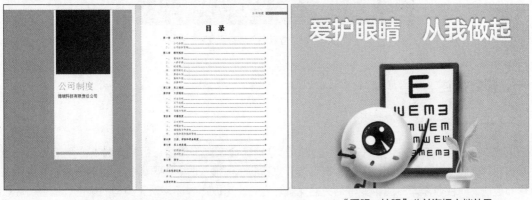

▲ "公司制度" 文档效果　　　　　　　　▲ "爱眼·护眼" 公益海报文档效果

任务一　制作"立秋节气海报"文档

为了弘扬中华传统文化和提升公司形象，老洪让米拉制作一份"立秋"主题的海报，要求使用分层和对比等设计技巧来突出主题，确保海报的易读性和吸引力。在制作海报的过程中，米拉积极发挥自己的创意，并在老洪的帮助下不断改进和完善海报。本任务的参考效果如图2-1所示。

素材所在位置　素材文件\项目二\立秋节气海报\
效果所在位置　效果文件\项目二\立秋节气海报.docx

图2-1　"立秋节气海报"文档

一、任务描述

（一）任务背景

立秋是二十四节气之一，在我国古代，部分地区会在这天祭祖、祈求丰收。立秋的到来，意味着夏季即将结束，秋季即将来临。在制作"立秋节气海报"时，需要紧扣立秋这一主题，选用与季节更迭、农民收获、气温转变等相关的元素。另外，可以巧妙运用秋天典型的颜色，如金黄色、红色和棕色等，搭配一些清新、明亮的色彩，来表现立秋的独特氛围。本任务将制作"立秋节气海报"文档，用到的操作主要有插入并编辑图片、艺术字、形状、文本框等。

（二）任务目标

（1）能够根据主题插入合适的图片，并根据需要调整和编辑图片。

（2）能够通过艺术字的展示使文档标题或重点内容更加醒目。

（3）能够在文档中绘制形状，并能设置形状的填充效果、轮廓效果等。

（4）能够通过文本框进行灵活排版。

二、任务实施

（一）插入并编辑图片

图片被广泛应用于各类海报中，它既可以作为海报背景，又可以补充说明文字，使海报更加生动、直观、吸引人。插入并编辑图片的具体操作如下。

微课视频

插入并编辑图片

（1）新建并保存"立秋节气海报"文档，然后在【插入】/【插图】组中单击"图片"按钮，在打开的下拉列表中选择"此设备"选项，如图2-2所示。

（2）打开"插入图片"对话框，选择"背景.png"图片后，单击 插入(S) 按钮，如图2-3所示。

图2-2 选择"此设备"选项

图2-3 选择图片

多学一招 　　　　　　　　　　**插入联机图片**

　　　　只要计算机正常连接网络，在Word中就可以插入联机图片。其方法为：在【插入】/【插图】组中单击"图片"按钮，在打开的下拉列表中选择"联机图片"选项，打开"联机图片"对话框，在"搜索必应"文本框中输入关键字并按【Enter】键后，系统将根据关键字在网络中搜索相关图片，并显示搜索结果。选中图片对应的复选框，再单击 插入(3) 按钮，便可开始下载图片，下载完成后的图片将被自动插入文档中。

（3）选择插入的图片，在【图片格式】/【排列】组中单击"环绕文字"按钮，在打开的下拉列表中选择"衬于文字下方"选项，如图2-4所示。

（4）将图片移至页面左上角，再将鼠标指针移至图片右下角的控制点上，当鼠标指针变成形状时向右下角拖动，使图片与页面一样大。拖动图片时，鼠标指针将变成十形状，如图2-5所示。

图2-4　设置图片环绕方式　　　　　　　　图2-5　调整图片大小

（5）使用同样的方法插入"图片1.png"和"图片2.png"，然后将其环绕方式均设置为"衬于文字下方"。

（6）将"图片1.png"移至页面左上角，将"图片2.png"移至页面右上角，然后选择"图片2.png"，在【图片格式】/【大小】组中单击右下角的"对话框启动器"按钮。

（7）打开"布局"对话框，在"大小"选项卡中的"缩放"栏中取消选中"锁定纵横比"复选框，然后在"高度"栏中的"绝对值"数值微调框中输入"5.73厘米"，在"宽度"栏中的"绝对值"数值微调框中输入"8.86厘米"，最后单击 确定 按钮，如图2-6所示。

（8）保持图片的选择状态，在【图片格式】/【调整】组中单击"颜色"按钮右侧的下拉按钮，在打开的下拉列表中选择"饱和度：200%"选项，如图2-7所示。

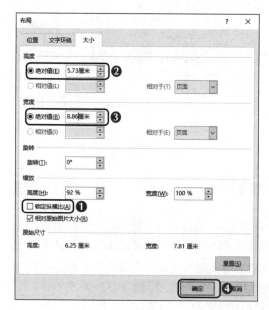

图2-6　自定义图片大小

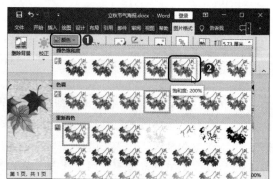

图2-7　设置图片颜色饱和度

（9）再次在【图片格式】/【调整】组中单击"颜色"按钮右侧的下拉按钮，在打开的下拉列表中选择"色温：4700 K"选项。

（10）插入"图片3.png"，将其环绕方式设置为"衬于文字下方"，再将图片移至页面左下角，然后在【图片格式】/【调整】组中单击"裁剪"按钮，当图片四周出现裁剪框后，选择图片右侧中间的控制点，向左拖动鼠标以裁剪图片，如图2-8所示。

（11）在空白处单击，退出裁剪状态，然后按【Ctrl+C】组合键复制，按【Ctrl+V】组合键粘贴。

（12）选择复制的图片，在【图片格式】/【排列】组中单击"旋转"按钮，在打开的下拉列表中选择"水平翻转"选项，如图2-9所示。

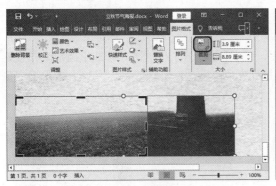

图2-8　裁剪图片　　　　　　　　　　　　　　　图2-9　旋转图片

（13）将复制的图片移至页面右下角，与原图片对齐，然后插入"图片4.png"和"图片5.png"，将环绕方式设置为"衬于文字下方"，再调整图片的大小和位置。

（14）选择"图片4.png"，在【图片格式】/【调整】组中单击"校正"按钮，在打开的下拉列表中选择"亮度：-20%，对比度：0%（正常）"选项，如图2-10所示。

（15）复制粘贴"图片4.png"，调整其大小和位置后，将"亮度/对比度"设置为"亮度：+20%，对比度：-20%"。

（16）选择"图片5.png"，将"亮度/对比度"设置为"亮度：-20%，对比度：0%（正常）"，效果如图2-11所示。

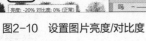

图2-10　设置图片亮度/对比度　　　　　　　　图2-11　设置图片亮度/对比度后的效果

知识提示　　　　　　　　　　　　图片的选择

　　　　在选择并使用图片的过程中，需要注意图片的版权问题，以免发生侵权行为。

（二）插入并编辑艺术字

微课视频

插入并编辑艺术字

艺术字是指经过特殊处理的文字，在海报中合理插入并编辑艺术字，可以使文档呈现不同的效果，其具体操作如下。

（1）在【插入】/【文本】组中单击"艺术字"按钮 𝐴，在打开的下拉列表中选择"填充：金色，主题色4；软棱台"选项，如图2-12所示。

（2）选择插入的文本框，删除其中的文本，输入"立"文本，然后将字体格式设置为"汉仪中楷简""18""加粗"。

（3）将艺术字移至文档中间偏右上的位置后，在【形状格式】/【艺术字样式】组中单击"文本填充"按钮 𝐀 右侧的下拉按钮 ，在打开的下拉列表中选择"其他填充颜色"选项，如图2-13所示。

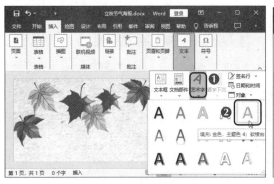

图2-12　插入艺术字　　　　　　　　图2-13　选择"其他填充颜色"选项

（4）打开"颜色"窗口，在"自定义"选项卡的"颜色模式"下拉列表框中选择"RGB"选项，在"红色""绿色""蓝色"数值微调框中分别输入"138""76""0"，然后单击 确定 按钮，如图2-14所示。

（5）保持艺术字的选择状态，在【形状格式】/【艺术字样式】组中单击"文本效果"按钮 𝐀 右侧的下拉按钮 ，在打开的下拉列表中选择"阴影"选项，在打开的子列表中选择"偏移：右"选项，如图2-15所示。

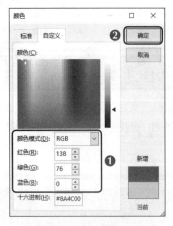

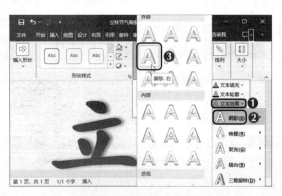

图2-14　自定义字体颜色　　　　　　图2-15　设置艺术字效果

（6）复制"立"艺术字，将其修改为"秋"，再移动位置至"立"文本右下方。

快速插入艺术字

　　如果文档中已存在要创建的艺术字文本，可以直接选择该文本，然后在【插入】/【文本】组中单击"艺术字"按钮 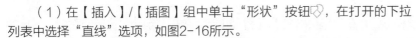，在打开的下拉列表中选择需要的艺术字样式，即可将现有的文本转换为艺术字。

（三）插入并编辑形状

微课视频

插入并编辑形状

　　为了使海报更美观，Word提供了多种形状绘制工具，使用这些工具可绘制线条、正方形、椭圆、箭头等图形，还可编辑和美化文档，其具体操作如下。

　　（1）在【插入】/【插图】组中单击"形状"按钮，在打开的下拉列表中选择"直线"选项，如图2-16所示。

　　（2）当鼠标指针变成十形状时，按住【Shift】键，向下拖动鼠标，绘制一条垂直的直线。

　　（3）选择绘制的直线形状，在【形状格式】/【形状样式】组中单击"形状轮廓"按钮右侧的下拉按钮 ，在打开的下拉列表中选择"其他轮廓颜色"选项，如图2-17所示。

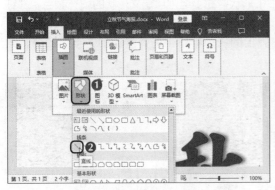

图2-16　选择"直线"选项

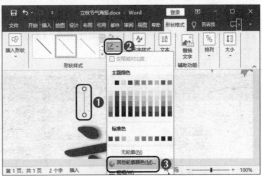

图2-17　选择"其他轮廓颜色"选项

　　（4）打开"颜色"窗口，在"自定义"选项卡中的"颜色模式"下拉列表框中选择"RGB"选项，在"红色""绿色""蓝色"数值微调框中分别输入"196""89""17"，然后单击 确定 按钮。

　　（5）保持直线形状的选择状态，再次在【形状格式】/【形状样式】组中单击"形状轮廓"按钮右侧的下拉按钮 ，在打开的下拉列表中选择"粗细"选项，在打开的子列表中选择"3 磅"选项，如图2-18所示。

　　（6）复制、粘贴直线形状5次，然后按照图2-19所示调整位置、高度和宽度。

编辑形状顶点

　　在Word中，用户可通过编辑形状顶点的方式来改变形状的样式。其方法为：选择形状，在【形状格式】/【插入形状】组中单击"编辑形状"按钮右侧的下拉按钮 ，在打开的下拉列表中选择"编辑顶点"选项，此时，形状中将出现多个黑色的矩形小顶点，将鼠标指针移动到某个顶点上并拖动，可调整顶点的位置。在顶点上单击鼠标右键，在弹出的快捷菜单中会显示顶点的编辑命令，用户可选择相应的命令进行操作。

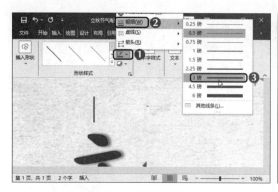

图2-18　设置形状粗细

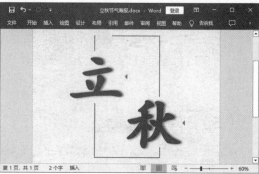

图2-19　调整形状

（7）选择所有的直线形状，在【形状格式】/【排列】组中单击"组合"按钮右侧的下拉按钮，在打开的下拉列表中选择"组合"选项，如图2-20所示。

（8）复制组合的形状，将其移至原组合形状的左侧，再设置线条粗细为"1磅"。

（9）在组合形状上边框的空缺处插入"图片6.png"，再适当调整大小和旋转角度。

（10）插入矩形形状，然后在【形状格式】/【形状样式】组中自定义形状的填充颜色，"红色为207"；"绿色为112"；"蓝色为40"，再设置"形状轮廓"为"无轮廓"。

（11）选择矩形形状，单击鼠标右键，在弹出的快捷菜单中选择"添加文字"命令，如图2-21所示。

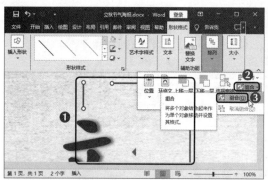

图2-20　组合形状

图2-21　选择"添加文字"命令

（12）在矩形形状中输入"传统二十四节气之一"文本，再设置字体为"方正兰亭宋简体"，字号为"五号"。

知识提示　　　　　　　　　　　**通过选择窗格选择对象**

　　当文档中的多个对象重叠在一起时，通过单击可能不易选择目标对象。此时可选择某一个对象，单击"绘图工具"或"图片工具"选项卡中的"选择窗格"按钮，打开"选择窗格"任务窗格。其中显示了文档中所有对象的名称，选择某个选项，可在文档中快速选择对应对象。另外，也可以通过单击任务窗格所选对象右侧的∧和∨按钮，调整对象名称的位置，进而调整对象的叠放顺序。

（四）插入并编辑文本框

微课视频

插入并编辑文本框

文本框在Word中是一种特殊的文档版式，它可以置于文档中的任何位置。并且在文本框中输入文本不会影响文本框外的其他对象，具有灵活性。插入并编辑文本框的具体操作如下。

（1）在【插入】/【文本】组中单击"文本框"按钮下方的下拉按钮，在打开的下拉列表中选择"绘制竖排文本框"选项，如图2-22所示。

（2）当鼠标指针变成十形状时，拖动鼠标绘制文本框，然后在其中输入"一叶梧桐一报秋，稻花田里话丰收。"文本，并设置字体为"方正仿宋_GBK"，字号为"小二"。

（3）适当调整文本框的大小，使其中的内容完全显示，然后选择文本框，在【形状格式】/【形状样式】组中设置"形状填充"为"无填充"，"形状轮廓"为"无轮廓"，如图2-23所示。

图2-22 选择"绘制竖排文本框"选项

图2-23 编辑文本框

（4）复制、粘贴文本框至"秋"文本的左侧，修改文本后缩小字号，并添加项目符号，如图2-24所示。

（5）在组合形状下方插入"双括号"形状，在【形状格式】/【形状样式】组中设置其"形状填充"为"无填充"；"形状轮廓"为"橙色，个性色2，深色25%"，"粗细"为"2.25磅"。

（6）在"双括号"形状中间插入文本框，并在【形状格式】/【形状样式】组中设置"形状填充"为"无填充"，"形状轮廓"为"无轮廓"，然后在该文本框中输入需要的文本，并设置字体格式，如图2-25所示。

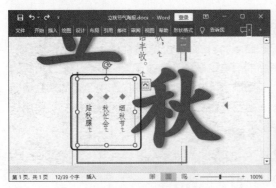

图2-24 复制文本框

图2-25 绘制并编辑形状和文本框

任务二　编排"公司制度"文档

　　米拉所在的公司每年都会根据实际运营状况、相关决策或政策更新公司制度，今年也不例外。由于公司目前的规章制度比较陈旧，而米拉需要练习制作各种文档，因此老洪决定把这个任务交给米拉——让米拉根据公司要求重新制作一份"公司制度"文档。该文档既要内容全面、准确，又要整体结构完整，如必须具备封面、目录、页码等。本任务的参考效果如图2-26所示。

素材所在位置　素材文件 \ 项目二 \ 公司制度.docx

效果所在位置　效果文件 \ 项目二 \ 公司制度.docx

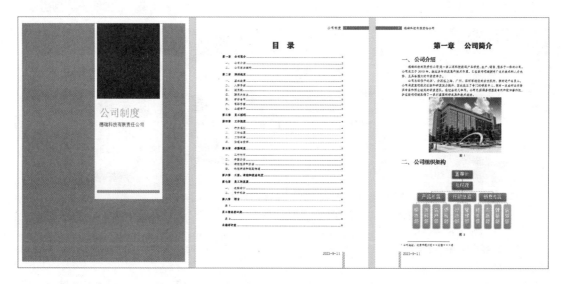

图2-26　"公司制度"文档

一、任务描述

（一）任务背景

　　公司制度是指在一定的历史条件下所形成的企业经济关系，包括企业经济运行和发展的重要规定、规程和行动准则。在设计公司制度时，需要确定制度的目的、适用范围和使用对象，以确保制度的有效性和适用性。其次，还需要使用简明、清晰的语言，避免使用过于复杂或令人难以理解的术语，确保员工容易理解和遵守。本任务将编排"公司制度"文档，用到的操作主要有插入并编辑SmartArt图形、表格、应用主题与样式、使用大纲视图查看并编辑文档、使用题注和交叉引用、设置脚注和尾注、设置页眉和页脚、添加封面和目录等。

（二）任务目标

（1）能够在文档中插入需要的SmartArt图形，并进行相应的编辑。

（2）能够在文档中插入表格，并对表格内容、表格格式进行灵活设置。

（3）能够使用主题与样式快速统一文档格式。

（4）能够为文档中的部分文字添加题注和交叉引用，以及脚注和尾注。

（5）能够根据需要为文档添加不同的页眉和页脚。

（6）为文档添加合适的封面和目录。

二、任务实施

（一）插入并编辑SmartArt图形

SmartArt图形能够以直观的方式传递信息，并清晰地表现各种关系结构，因此常用于制作公司的组织结构图、工作流程图等。Word提供了多种类型的SmartArt图形，用户可根据需要选择并进行相应的编辑，其具体操作如下。

（1）打开"公司制度.docx"文档，将文本插入点定位至"公司组织架构"文本的右侧，然后按【Enter】键换行。

（2）在【插入】/【插图】组中单击"SmartArt"按钮，打开"选择 SmartArt 图形"对话框，在左侧单击"层次结构"选项卡，在该选项卡中选择"组织结构图"选项，然后单击 确定 按钮，如图2-27所示。

（3）选择SmartArt图形中的第2个形状，按【Delete】键删除，然后选择第1个形状，在【SmartArt设计】/【创建图形】组中单击"添加形状"按钮右侧的下拉按钮，在打开的下拉列表中选择"在上方添加形状"选项，如图2-28所示。

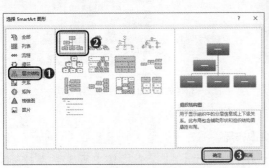

图2-27　选择SmartArt图形

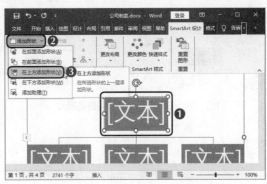

图2-28　选择形状的添加位置

（4）选择3级结构左侧的竖线，在【SmartArt设计】/【创建图形】组中单击"布局"按钮，在打开的下拉列表中选择"标准"选项，如图2-29所示。

（5）在SmartArt图形中依次输入"董事长""总经理""产品总监""行政总监""销售总监"文本，然后选择"产品总监"文本所在的形状，在下面依次添加"研发部""资料部""生产部""质检部"4个形状。

（6）使用同样的方法在"行政总监"文本所在的形状下方添加"行政部""管理部"两个形状，在"销售总监"文本所在的形状下方添加"财务部""市场部""营销部""企划部"4个形状，然后根据内容适当调整SmartArt图形中各个形状的大小，如图2-30所示。

（7）选择SmartArt图形，在【SmartArt设计】/【SmartArt样式】组中单击"更改颜色"按钮下方的下拉按钮，在打开的下拉列表中选择"渐变循环 – 个性色 5"选项，如图2-31所示。

（8）保持SmartArt图形的选择状态，在【SmartArt设计】/【SmartArt样式】组中单击"快速样式"按钮下方的下拉按钮，在打开的下拉列表中选择"强烈效果"选项，如图2-32所示。

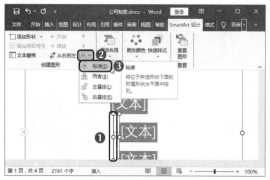

图2-29　修改布局　　　　　　　　　　图2-30　组织结构图效果

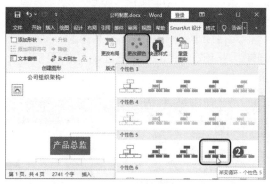

图2-31　更改SmartArt图形的颜色　　　　图2-32　为SmartArt图形应用样式

多学一招　　　　　　　　　　　**更改布局**

选择SmartArt图形，在【SmartArt设计】/【版式】组中可重新选择SmartArt图形的类型，其布局结构将发生改变，但是会保留原来的文本和格式设置。

（二）插入并编辑表格

微课视频

插入并编辑表格

如果制作的文档除了文本内容外，还包含大量数据信息，就需要插入表格来进行归类管理，使文档更加专业，其具体操作如下。

（1）将文本插入点定位至文档末尾，在【布局】/【页面设置】组中单击"分页符"按钮右侧的下拉按钮，在打开的下拉列表中选择"分页符"选项，如图2-33所示。

（2）输入"员工信息登记表"文本后按【Enter】键换行，在【插入】/【表格】组中单击"表格"按钮下方的下拉按钮，在打开的下拉列表中选择"插入表格"选项，如图2-34所示。

（3）打开"插入表格"对话框，在"表格尺寸"栏中的"列数"数值微调框中输入"8"，在

"行数"数值微调框中输入"16"，然后单击 确定 按钮，如图2-35所示。

（4）在表格中输入需要的内容后，单击表格左上角的"全选"按钮⊞，设置表格内文本的字体格式为"方正精品楷体_GBK"，字号为"小四"，然后在【布局】/【对齐方式】组中单击"水平居中"按钮▤，如图2-36所示。

图2-33　插入分页符

图2-34　选择"插入表格"选项

图2-35　设置表格尺寸

图2-36　设置文字对齐方式

（5）选择表格第1行至第4行最右侧的两个单元格，在【布局】/【合并】组中单击"合并单元格"按钮▦，如图2-37所示。

（6）使用同样的方法合并其他单元格，然后选择"身份证号码"文本所在单元格右侧的单元格，在【布局】/【合并】组中单击"拆分单元格"按钮▦，打开"拆分单元格"对话框，在"列数"数值微调框中输入"18"，单击 确定 按钮，如图2-38所示。

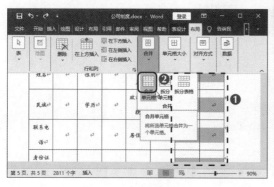

图2-37　合并单元格

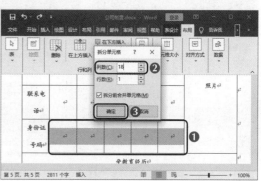

图2-38　拆分单元格

（7）将鼠标指针移至"身份证号码"文本所在单元格左侧的边框线上，当鼠标指针变成 ↔ 形状时，按住鼠标左键并向左拖动，直至该文本显示为一列为止，如图2-39所示。

（8）选择"身份证号码"文本所在单元格右侧的18个单元格，在【布局】/【单元格大小】组中单击"分布列"按钮 ⊞，使这18个单元格平均分布，如图2-40所示。

图2-39　调整列宽

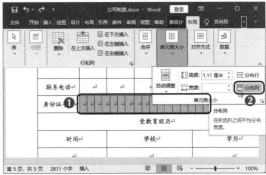

图2-40　平均分布各单元格

（9）使用同样的方法调整其他列的列宽，然后选择最后一行单元格，在【布局】/【单元格大小】组中的"高度"数值微调框中输入"4厘米"。

（10）全选表格，在【表设计】/【表格样式选项】组中取消选中"标题行"复选框，再在【表设计】/【表格样式】组中的"样式"列表框中选择"网格表4－着色3"选项，如图2-41所示。

（11）加粗表格中的部分文本，然后使用分页符强制分页，并使用同样的方法制作"业绩考评表"，效果如图2-42所示。

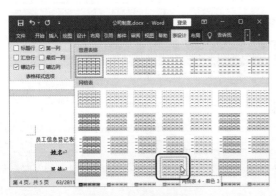

图2-41　选择表格样式

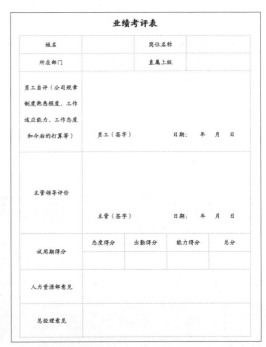

图2-42　"业绩考评表"效果

（三）应用主题与样式

Word为用户提供了丰富的主题库与样式库，在制作文档时可通过它们实现快速统一文档格式的效果，其具体操作如下。

（1）在【设计】/【文档格式】组中单击"主题"按钮 下方的下拉按钮 ，在打开的下拉列表中选择"电路"选项，如图2-43所示。

（2）返回文档后，可以发现文档中的组织结构图和员工信息登记表的整体效果发生了变化。

（3）选择"员工信息登记表"文本，在【开始】/【样式】组中的"样式"下拉列表中选择"标题"选项，如图2-44所示。

图2-43　选择主题

图2-44　选择样式

多学一招　　　　　　　　　　　修改主题效果

在【设计】/【文档格式】组中单击"颜色"按钮 下方的下拉按钮 、"字体"按钮 下方的下拉按钮 、"效果"按钮 右侧的下拉按钮 ，在打开的下拉列表中选择所需选项后，可分别更改当前主题的颜色、字体和效果。

（4）将鼠标指针移至【开始】/【样式】组中"样式"下拉列表中的"标题"选项上，单击鼠标右键，在弹出的快捷菜单中选择"修改"命令，打开"修改样式"对话框，在"格式"栏中设置字体为"方正北魏楷书简体"，字号为"小二"，然后单击 确定 按钮，如图2-45所示。

（5）为"业绩考评表"文本应用修改后的"标题"样式，然后使用同样的方法修改"正文"样式的字体为"方正仿宋简体"。

（6）将文本插入点定位至第1页的"公司简介"文本后，在【开始】/【样式】组中单击"其他"按钮 ，在打开的下拉列表中选择"创建样式"选项。

（7）打开"根据格式化创建新样式"对话框，在"名称"文本框中输入样式名称"一级标题"后，单击 修改(M)... 按钮，如图2-46所示。

（8）打开"根据格式化创建新样式"对话框，在"格式"栏中设置字体为"方正粗黑宋简体"，字号为"小一"，再单击"加粗"按钮 **B**，然后单击 格式(O)▼ 按钮，在打开的下拉列表中选择"段落"选项，如图2-47所示。

（9）打开"段落"对话框，在"缩进和间距"选项卡中的"对齐方式"下拉列表框中选择"居中"选项，在"间距"栏中的"段前""段后"数值微调框中均输入"0.5 行"，然后单击 确定 按钮，如图2-48所示。

（10）返回"根据格式化创建新样式"对话框，单击 格式(O)▾ 按钮，在打开的下拉列表中选择"编号"选项，打开"编号和项目符号"对话框，在"编号"选项卡中单击 定义新编号格式... 按钮，如图2-49所示。

图2-45　修改样式　　　　　　　　　　　图2-46　设置样式名称

图2-47　选择"编号"选项　　　图2-48　设置样式段落格式　　　图2-49　定义新编号格式

（11）打开"定义新编号格式"对话框，在"编号样式"下拉列表框中选择"一，二，三(简)..."选项，在"编号格式"文本框中的"一"前输入"第"文本，在"一"后输入"章"文本和两个空格，然后单击 确定 按钮，如图2-50所示。

（12）返回"编号和项目符号"对话框，单击 确定 按钮，返回"根据格式化创建新样式"对话框，再次单击 确定 按钮，返回文档，查看应用新建样式后的效果。

（13）按住【Ctrl】键，同时选择"聘用规定""员工福利""工作规范""考勤制度""工资、津贴和奖金制度""员工的发展""附言"文本，为其应用"一级标题"样式。

（14）使用同样的方法新建"二级标题"样式，其中，字体为"方正宋三简体"，字号为"小二"，加粗显示，编号样式为"一，二，三"，将其应用到一级标题下方的相应段落中。

（15）选择"基本政策"文本，单击鼠标右键，在弹出的快捷菜单中选择"重新开始于一"选项，如图2-51所示。

图2-50 设置编号样式和编号格式

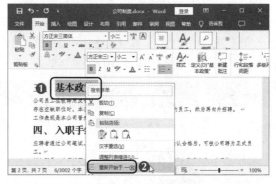

图2-51 设置编号值

（16）使用同样的方法继续对各章节进行重新编号，然后设置"公司介绍"文本下的正文段落首行缩进两个字符，并为二级标题下方的段落添加"1.2.3."样式的编号。

（四）使用大纲视图查看并编辑文档

微课视频

使用大纲视图查看并编辑文档

大纲视图可以将文档的标题进行缩进，以不同的级别展示标题在文档中的结构。当一篇文档过长时，可以使用Word提供的大纲视图来组织和管理长文档，其具体操作如下。

（1）在【视图】/【视图】组中单击"大纲"按钮，进入大纲视图，选择"公司简介"文本，在【大纲显示】/【大纲工具】组中的"正文文本"下拉列表框中选择"1级"选项，如图2-52所示。

（2）使用同样的方法将应用"一级标题"样式的文本设置为"1级"，将应用"二级标题"样式的文本设置为"2级"。

（3）在【大纲显示】/【大纲工具】组中的"显示级别"下拉列表框中选择"2级"选项，设置文档的显示级别，如图2-53所示。

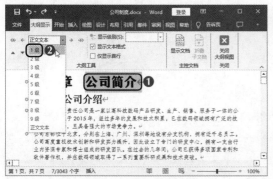

图2-52 设置文本级别

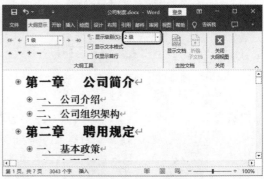

图2-53 设置文档的显示级别

（4）在【大纲显示】/【关闭】组中单击"关闭大纲视图"按钮，退出大纲视图。

（五）使用题注和交叉引用

微课视频

使用题注和交叉引用

为了使文档中的内容更有层次，在制作文档时，可以利用Word提供的题注功能为相应的项目编号，还可以利用交叉引用功能在不同的地方引用文档中的相同内容，其具体操作如下。

（1）将文本插入点定位至办公大楼图片的右侧，按【Enter】键换行，再在【引用】/【题注】组中单击"插入题注"按钮，如图2-54所示。

（2）打开"题注"对话框，单击 新建标签(N)... 按钮，打开"新建标签"对话框，在"标签"文本框中输入"图"文本后，单击 确定 按钮，如图2-55所示。

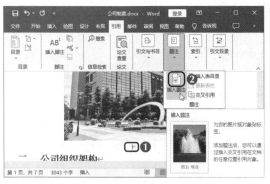

图2-54　单击"插入题注"按钮

图2-55　新建标签

（3）返回"题注"对话框，单击 确定 按钮，返回文档，查看插入的题注，然后设置题注居中显示，如图2-56所示。

（4）将文本插入点定位至组织结构图右侧，按【Enter】键换行，再打开"题注"对话框，此时"题注"文本框将根据上一次编号的内容自动向后编号，如图2-57所示。

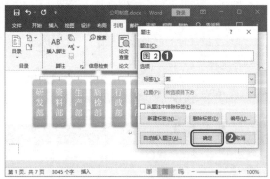

图2-56　为图片编号

图2-57　为组织结构图编号

知识提示　　　　　　　　　　　**自动插入题注**

在"题注"对话框中单击 自动插入题注(A)... 按钮，打开"自动插入题注"对话框，在"插入时添加题注"列表框中选中需要添加的题注项目的复选框，并设置位置和编号等，然后选择其他所需选项，最后单击 确定 按钮后，Word将自动插入题注。

（5）使用同样的方法在"员工信息登记表"标题和"业绩考评表"标题上方添加"表1"题注和"表2"题注，并为其应用"标题2"样式。

（6）在第2页的"《员工信息登记表》"文本右侧输入"（见）"文本，然后将文本插入点定位至"见"文本右侧，在【引用】/【题注】组中单击"交叉引用"按钮🔲，打开"交叉引用"窗口，在"引用类型"下拉列表框中选择"表"选项，在"引用内容"下拉列表框中选择"整项题注"选项，在"引用哪一个题注"列表框中选择"表 1"选项，最后单击 插入(I) 按钮，如图2-58所示。

（7）将鼠标指针移至创建的交叉引用上，将提示"当前文档按住 Ctrl 并单击可访问链接"内容，即按住【Ctrl】键，在文档中单击该链接可快速切换到对应的页面，如图2-59所示。

图2-58　选择交叉引用的内容

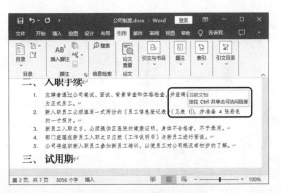

图2-59　交叉引用后的效果

多学一招　　　　　　　　**实现交叉引用的另一种方法**

在【插入】/【链接】组中单击"交叉引用"按钮🔲，也可以打开"交叉引用"窗口，在其中选择引用类型、引用内容等选项后，同样可以实现交叉引用。

（8）使用同样的方法为"七、业绩考评"标题下方的相关文本插入交叉引用。

（六）设置脚注和尾注

脚注和尾注均可对文本进行补充说明。其中，脚注一般位于页面的底部，可以作为对文档某处内容的注释；尾注一般位于文档的末尾，可以列出引文的出处等。设置脚注和尾注的具体操作如下。

（1）将文本插入点定位到第1页"公司总部位于北京"文本右侧，在【引用】/【脚注】组中单击"插入脚注"按钮AB¹，此时系统将自动定位至该页的左下角，输入相应内容后，便可插入脚注，如图2-60所示。设置完成后单击文档任意位置，即可退出脚注编辑状态。

（2）将文本插入点定位到文档中的任意位置，然后在【引用】/【脚注】组中单击"插入尾注"按钮🔲，此时系统将自动定位至文档最后一页的左下角，在此输入相应内容后，便可插入尾注，如图2-61所示。设置完成后单击文档任意位置，即可退出尾注编辑状态。

微课视频

设置脚注和尾注

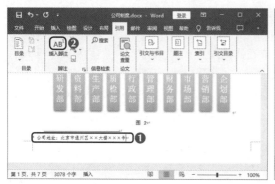

图2-60　插入脚注　　　　　　　　　　　　图2-61　插入尾注

知识提示　　　　　　　　　**详细设置脚注和尾注**

　　　　在【引用】/【脚注】组中单击右下角的"对话框启动器"按钮⤓，打开"脚注和尾注"对话框，在其中可详细设置脚注和尾注，如设置编号格式、自定义脚注和尾注的引用标记等。

（七）设置页眉和页脚

微课视频

设置页眉和页脚

　　页眉和页脚主要用于显示公司名称、文档名称、公司Logo、日期和页码等附加信息。在Word中，用户可以直接插入内置的页眉、页脚样式，也可以根据需要自行添加页眉、页脚内容，其具体操作如下。

　　（1）将文本插入点定位到第1页，在【插入】/【页眉和页脚】组中单击"页眉"按钮▯，在打开的下拉列表中选择"运动型(奇数页)"选项，如图2-62所示。

　　（2）将"将标题添加到您的文档"修改为"公司制度"，并设置其字号为"小四"，然后在【页眉和页脚】/【选项】组中选中"奇偶页不同"复选框，如图2-63所示。

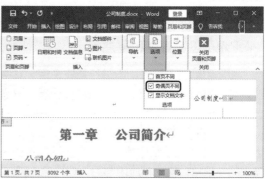

图2-62　插入奇数页页眉　　　　　　　　　图2-63　设置页眉选项

　　（3）选择该页页眉处的长方形形状，在【形状格式】/【形状样式】组中单击"形状填充"按钮🖌️右侧的下拉按钮▾，在打开的下拉列表中选择"深蓝，文字2，淡色40%"选项。

　　（4）保持形状的选择状态，在【形状格式】/【形状样式】组中单击"形状轮廓"按钮◩右侧的下拉按钮▾，在打开的下拉列表中选择"无轮廓"选项。

（5）在【页眉和页脚】/【导航】组中单击"下一条"按钮，跳转至下一页的页眉处，然后在【页眉和页脚】/【页眉和页脚】组中单击"页眉"按钮，在打开的下拉列表中选择"运动型(偶数页)"选项，并修改"标题"为"德瑞科技有限责任公司"，再设置字号为"小四"，如图2-64所示。

（6）使用同样的方法设置偶数页中页眉的形状，然后将文本插入点定位到第1页的页脚处，在【页眉和页脚】/【页眉和页脚】组中单击"页脚"按钮，在打开的下拉列表中选择"运动型(奇数页)"选项，如图2-65所示。

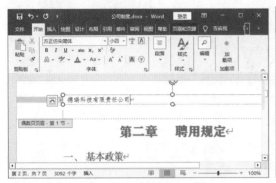

图2-64　插入偶数页页眉

图2-65　插入奇数页页脚

（7）将"日期"修改为"2023-9-11"，再设置字体为"方正仿宋简体"，字号为"小五"，形状的轮廓为"深蓝，文字 2，淡色 40%"，如图2-66所示。

（8）使用同样的方法在第2页插入"运动型(偶数页)"样式的页脚，其格式与奇数页的相同，如图2-67所示，然后在【页眉和页脚】/【关闭】组中单击"关闭页眉和页脚"按钮，或在文档编辑区中双击，退出页眉和页脚的编辑状态。

图2-66　设置页脚

图2-67　设置偶数页页脚

（八）添加封面和目录

封面是文档的第一页，其内容和效果将直接影响文档的质量和用户的阅读兴趣。此外，对于篇幅较长的文档而言，通常还需要通过Word的目录功能提取目录，便于用户检索。添加封面和目录的具体操作如下。

（1）在【插入】/【页面】组中单击"封面"按钮，在打开的下拉列表中选择"奥斯汀"选项，如图2-68所示。

微课视频

添加封面和目录

（2）修改"文档标题"文本框中的内容为"公司制度"，"文档副标题"文本框中的内容为"德瑞科技有限责任公司"，然后删除"摘要"文本框和"作者"文本框，并设置封面的背景为"深蓝，文字 2，淡色 60%"，如图2-69所示。

图2-68　选择封面样式

图2-69　修改封面

（3）将文本插入点定位至"第一章 公司简介"文本左侧，在【布局】/【页面设置】组中单击"分页符"按钮，在打开的下拉列表中选择"分页符"选项。

（4）将"第二章　公司简介"的标题序号重新从1开始编号后，将文本插入点定位到第1页中，在【开始】/【字体】组中单击"清除所有格式"按钮，清除自动应用的"一级标题"样式，然后输入"目　录"文本，并设置其字体格式为"方正粗黑宋简体""一号""加粗"，再按【Enter】键换行。

（5）在【引用】/【目录】组中单击"目录"按钮，在打开的下拉列表中选择"自定义目录"选项，如图2-70所示。

（6）打开"目录"对话框，在"目录"选项卡中的"格式"下拉列表框中选择"正式"选项，在"显示级别"数值微调框中输入"2"，然后单击　确定　按钮，如图2-71所示。

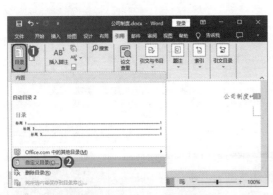

图2-70　选择"自定义目录"选项

图2-71　设置目录格式

（7）返回文档后，可看到插入目录后的效果。

任务三 审阅"产品代理协议"文档

在老洪的要求下，米拉制作了一份"产品代理协议"文档。文档制作完成后，米拉将其打印出来交给老洪审阅。然而老洪告诉米拉，制作完成的文档不需要打印出来审阅，可以直接在计算机上操作，如文档快速浏览、定位、拼写和语法检查、添加批注及修订文档等，而且使用软件自动化操作，可以降低错误率。老洪一边说着，一边教米拉如何审阅文档。本任务的参考效果如图2-72所示。

素材所在位置 素材文件\项目二\产品代理协议.docx、产品代理协议1.docx

效果所在位置 效果文件\项目二\产品代理协议.docx、产品代理协议1.docx

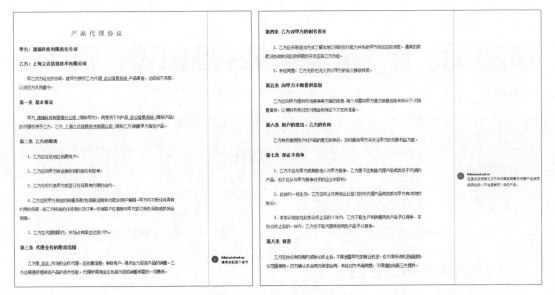

图2-72 "产品代理协议"文档

一、任务描述

（一）任务背景

产品代理协议是指在产品供应商与产品代理商之间达成的合同或协议，用于规定双方在产品销售和推广方面的权利和责任，签署后将具有法律效力。因此在制作这类文档时，必须明确双方单位名称、事由，以及详细的条款内容等，并经过双方的严格审校后，方可签字盖章生效。本任务将审阅"产品代理协议"文档，用到的操作主要有使用文档结构图查看文档、使用书签快速定位目标位置、拼写和语法检查、统计文档字数或行数，以及添加批注、修订文档、合并文档等。

（二）任务目标

（1）能够通过文档结构图和书签快速而准确地浏览和定位文档中的特定内容。

（2）能够有效避免文档中存在的拼写错误、语法错误等问题，确保文档内容正确和规范。

（3）能够准确计算并统计文档中的字数、行数等信息。

（4）能够通过批注提出意见或建议，并根据批注修订文档。

二、任务实施

（一）使用文档结构图查看文档

微课视频

使用文档结构图查看
文档

在Word中，文档结构图即导航窗格，它是一个完全独立的窗格，由文档中各个不同的等级标题组成，以显示整个文档的层次结构。在导航窗格中，用户可以对整个文档进行快速浏览和定位，其具体操作如下。

（1）打开"产品代理协议.docx"文档，在【视图】/【显示】组中选中"导航窗格"复选框，打开"导航"窗格，在其中单击某个标题，可快速定位到相应的标题，如图2-73所示。

（2）单击"页面"选项卡，可预览文档页面，然后单击"关闭"按钮✕即可关闭"导航"窗格，如图2-74所示。

图2-73 使用文档结构图查看文档标题

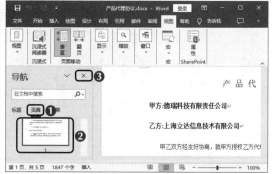

图2-74 使用文档结构图查看文档页面

（二）使用书签快速定位目标位置

在编辑长文档时，利用手动滚屏的方式查找目标文本需要花费较长时间，此时可以利用书签功能快速定位目标位置，其具体操作如下。

（1）选择第3页"佣金计算方式"文本下方的提取方式文本，然后在【插入】/【链接】组中单击"书签"按钮🔖，如图2-75所示。

（2）打开"书签"对话框，在"书签名"文本框中输入"佣金计算方式"文本，再选中"隐藏书签"复选框，然后单击 添加(A) 按钮，即可在文档中插入名为"佣金计算方式"的书签，如图2-76所示。

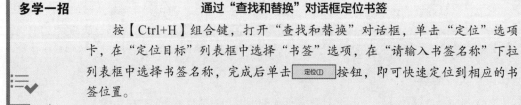

多学一招　　　　　　　通过"查找和替换"对话框定位书签

按【Ctrl+H】组合键，打开"查找和替换"对话框，单击"定位"选项卡，在"定位目标"列表框中选择"书签"选项，在"请输入书签名称"下拉列表框中选择书签名称，完成后单击 定位(T) 按钮，即可快速定位到相应的书签位置。

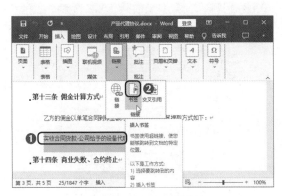

图2-75　单击"书签"按钮

图2-76　添加书签

（3）浏览文档时，在【插入】/【链接】组中单击"书签"按钮，打开"书签"对话框，在"书签名"列表框中选择"佣金计算方式"选项，然后单击 定位(G) 按钮，再单击 关闭 按钮，返回文档后，系统将快速定位到书签所在位置。

（三）拼写和语法检查

输入文本时，有些字符下方会出现一条红色或蓝色的波浪线，这表示Word认为这些字符出现了拼写错误或语法错误。因此，当文档中出现错误标识时，应该及时检查并纠正错误，其具体操作如下。

（1）将文本插入点定位到标题文本的左侧，然后在【审阅】/【校对】组中单击"拼写和语法"按钮，如图2-77所示。

（2）打开"校对"任务窗格，并显示第一个可能出现语法错误的语句。若确定该语句显示错误的语法无须修改，则可选择"忽略"选项，忽略该语法错误并自动显示下一个语法错误，如图2-78所示。

图2-77　单击"拼写和语法"按钮

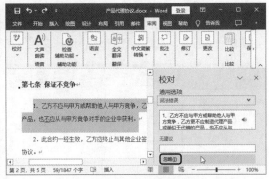

图2-78　忽略语法错误

（3）当系统检查到语法错误时，"校对"任务窗格下方会提示语法错误的原因，当需要修改时，可直接在文档中进行修改。这里将在显示的红色"佣"文本后输入"金"文本，如图2-79所示。

（4）单击 继续(S) 按钮，查找下一个语法错误。当文档中没有错误后，将打开提示对话框，单击 确定(O) 按钮即可完成拼写和语法检查，如图2-80所示。

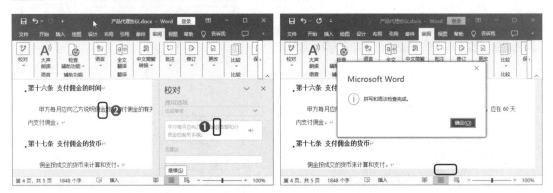

图2-79　修改语法错误　　　　　　　　　图2-80　完成检查

多学一招　　　　　　**在输入文本时，检查和修改语法错误**

　　　　在Word中输入文本时，如果有语法错误，系统将默认在输入的文本下方显示波浪线。若确定输入的文本无误，可选择有波浪线的文本，单击鼠标右键，在弹出的快捷菜单中选择"忽略一次"命令，即可取消该波浪线；也可以根据波浪线提示，进行修正。

（四）统计文档字数或行数

在制作一些文档时，可能会要求统计当前文档的字数或行数。如果文档的篇幅较长，手动统计会非常麻烦，此时可以使用Word提供的字数统计功能统计文档、某一页或某一段的字数或行数，其具体操作如下。

（1）在【审阅】/【校对】组中单击"字数统计"按钮，打开"字数统计"对话框，在该对话框中可以看到当前文档的统计信息，如页数、字数、字符数和行数等信息，如图2-81所示，单击 关闭 按钮。

（2）在状态栏上单击鼠标右键，在弹出的快捷菜单中选择"页码""字数统计""拼写和语法检查"等选项，如图2-82所示，这些文档信息将始终显示在状态栏中，以方便用户查看。

图2-81　查看文档统计信息　　　　　　　图2-82　自定义状态栏显示信息

知识提示　　　　　　　　　　**为每行添加行号**

　　在Word中除了可以统计文档的行数外，还可以为每行添加行号。其方法为：在【布局】/【页面设置】组中单击"行号"按钮右侧的下拉按钮，在打开的下拉列表中选择"连续"选项，即可在文档的每行文本前添加行号。

（五）添加批注

微课视频

添加批注

　　为便于领导或同事在查看自己制作的文档时进行补充说明或提出建议，可以使用批注功能。通过批注，文档制作者能够清楚地查看领导或同事的意见和建议。添加批注的具体操作如下。

　　（1）选择第1页"第三条 代理业务的职责范围"文本下方的"华北"文本，在【审阅】/【批注】组中单击"新建批注"按钮，该文本右侧将插入批注框，在批注框中输入所需内容，如图2-83所示。

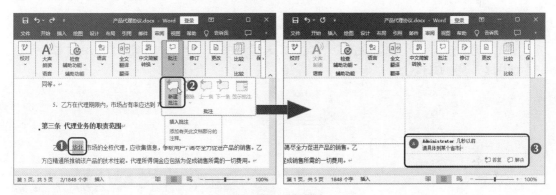

图2-83　添加批注

　　（2）将文本插入点定位到"第七条 保证不竞争"文本下方第1条"获利"文本的右侧，在【审阅】/【批注】组中单击"新建批注"按钮插入一个新的批注框，并在该批注框中输入图2-84所示的内容。

　　（3）在【审阅】/【修订】组中单击"显示标记"按钮右侧的下拉按钮，在打开的下拉列表中取消选择"批注"选项，以隐藏批注，如图2-85所示。

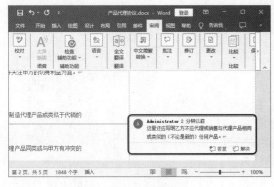

图2-84　添加其他批注

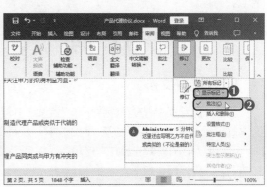

图2-85　隐藏批注

知识提示　　　　　　　　**删除批注**

　　在批注框上单击鼠标右键，在弹出的快捷菜单中选择"删除批注"命令，或在【审阅】/【批注】组中单击"删除"按钮，即可删除某个批注；单击"删除"按钮下方的下拉按钮，在打开的下拉列表中选择"删除文档中的所有批注"选项，即可删除文档中的所有批注。

（六）修订文档

微课视频

修订文档

　　在修订文档时，为了方便其他用户或原作者知道他人对文档所做的修改，可先设置修订标记，再进入修订状态编辑文档，其具体操作如下。

　　（1）在【审阅】/【修订】组中单击右下角的"对话框启动器"按钮，打开"修订选项"对话框，单击 高级选项(A)... 按钮。

　　（2）打开"高级修订选项"对话框，在"插入内容"下拉列表框右侧的"颜色"下拉列表框中选择"红色"选项，其他各项保持默认设置，然后依次单击 确定 按钮，如图2-86所示。

　　（3）在【审阅】/【修订】组中单击"修订"按钮，然后将文本插入点定位到"第八条 保密"文本下方"使用。"文本的右侧，在其后输入图2-87所示的内容。完成后，再次单击"修订"按钮，退出修订状态。

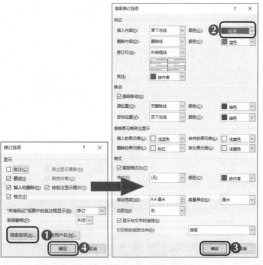

图2-86　设置修订标记

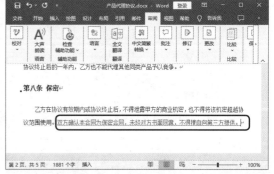

图2-87　修订文档

（七）合并文档

微课视频

合并文档

　　报告、总结类文档通常需要同时发送给主管、经理等各级领导审校，这样修订记录会分别保存在多篇文档中，从而给整理工作带来不便。此时，可利用Word提供的合并文档功能，将多个文件的修订记录合并到一个文件中，其具体操作如下。

　　（1）在【审阅】/【比较】组中单击"比较"按钮下方的下拉按钮，在打开的下拉列表中选择"合并"选项，如图2-88所示。

（2）打开"合并文档"对话框，单击"原文档"下拉列表框右侧的"打开"按钮🗁，打开"打开"对话框，在其中选择"产品代理协议 1.docx"素材文档，单击 打开(O) ▾ 按钮。

（3）返回"合并文档"对话框，使用同样的方法在"修订的文档"下拉列表框中选择"产品代理协议.docx"效果文件，然后单击 确定 按钮，如图2-89所示。

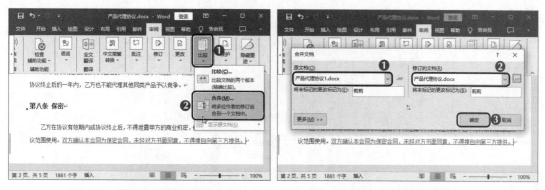

图2-88　选择"合并"选项　　　　　　　　　　　　图2-89　选择合并文档

（4）系统将自动新建一个文档，并在新建的文档中显示原文档、修订的文档和合并的文档3个板块，如图2-90所示。按【Ctrl+S】组合键，将该文档以"产品代理协议1"为名另存到效果文件中。

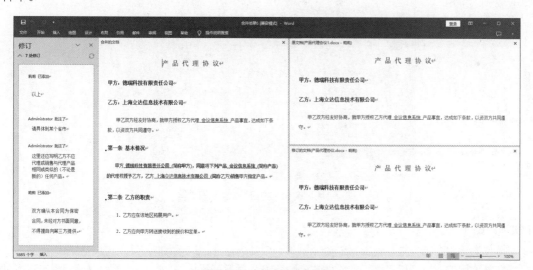

图2-90　合并文档后的结果

实训一　制作"爱眼·护眼"公益海报文档

【实训要求】

眼睛是人类最重要的感觉器官之一，不当的用眼习惯可能会造成眼部疾病，从而导致视力下降、危害身体健康。为提倡保护眼睛、关注眼部疾病，现需要制作一个"爱眼·护眼"公益海报文档，通过合适的图片和语言突出主题，强调正确的用眼方法，提高人们的保护健康的意识和行动力，宣传爱眼、护眼的理念，为社会公众的健康保驾护航。本实训制作完成后的文档效果如图2-91所示。

素材所在位置 素材文件\项目二\素材.png

效果所在位置 效果文件\项目二\爱眼·护眼.docx

图 2-91 "爱眼·护眼"公益海报文档

【实训思路】

制作海报时，首先要明确海报的受众群体，以便确定海报的设计风格和内容；然后明确海报的主题和制作目的，以便确定海报的整体方向和焦点；最后进行相关资料的收集和整理。经过一系列的素材处理后，就可以制作出有吸引力的海报。需要注意的是，在制作海报时，务必遵守相关法律法规，确保素材合法使用，不侵犯他人的知识产权。

【步骤提示】

要完成本实训，需要先新建文档，然后插入并编辑形状、艺术字、文本框、图片等对象，最后将制作完成的文档保存到计算机中。具体步骤如下。

（1）新建一个空白文档，在其中插入一个与页面大小一致的矩形形状，自定义形状的颜色后，将其置于底层，作为海报的背景。

（2）在文档中插入艺术字、文本框、图片等对象，并进行相应的编辑。

（3）将文档以"爱眼·护眼"为名保存到计算机中。

实训二 编排及审阅"营销策划书"文档

【实训要求】

随着个性化消费行为日益盛行，企业要在市场竞争中立于不败之地，就必须借助个性化和差异化的产品、服务和营销方式来吸引消费者的目光，而营销策划书是实现这个目标的重要工具。在制作"营销策划书"文档时，应确保文档逻辑清晰，表达准确简洁，其次还要定期更新和修订策划书，以适应市场变化和企业发展的需求。本实训制作完成后的文档效果如图2-92所示。

素材所在位置 素材文件\项目二\营销策划书.docx
效果所在位置 效果文件\项目二\营销策划书.docx

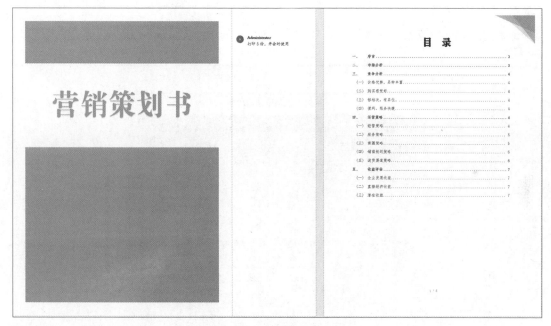

图2-92 "营销策划书"文档

【实训思路】

营销策划书是企业根据市场变化和自身实力，对产品、资源及产品所指向的市场进行整体规划的计划性书面材料。通过营销策划书，企业可以不断优化和改进策略，并在日益变化的市场环境下保持竞争力和创新性。一份合格的营销策划书，首先要做到的是使读者相信，然后是使读者认同。在编排及审阅营销策划书时，需要确保文档结构清晰，并使用适当的标题和子标题来概况内容，使读者能够快速浏览和理解文档的主要内容。同时，要确保文档中的内容逻辑清晰、连贯，并寻求具有相关经验或专业知识的人提出意见及建议，以提高文档的质量。

【步骤提示】

要完成本实训，需要先打开素材文档，然后依次为各级标题设置样式，并通过修改标题样式达到需要的效果，接着添加封面和目录，使文档的效果更加美观，最后添加批注。具体步骤如下。

（1）打开"营销策划书.docx"文档，修改"正文"样式和"副标题"样式，再新建"一级标题"样式和"二级标题"样式，并将其应用到相应的文本中。

（2）添加Word内置的页眉和页脚样式，再通过大纲视图将应用"一级标题"样式的文本设置为"1级"，应用"二级标题"样式的文本设置为"2级"。

（3）插入Word内置的封面样式和目录样式，再将封面中的标题"营销策划书"设置为艺术字样式，然后设置其字体格式。

（4）通读营销策划书的内容，再通过批注提出意见或建议。

课后练习

练习1：制作"新员工入职培训流程图"文档

本练习要求在新建的文档中先创建新员工入职培训流程图，然后创建并美化表格。参考效果如图2-93所示。

 效果所在位置　效果文件\项目二\新员工入职培训流程图

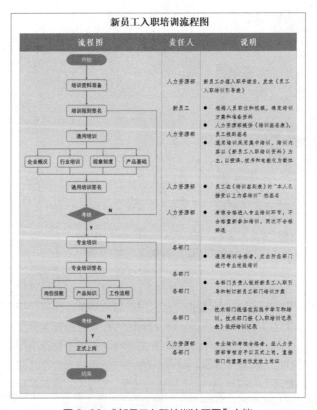

图2-93　"新员工入职培训流程图"文档

操作要求如下。

● 新建并保存"新员工入职培训流程图"文档，在文档中通过添加形状、文本框等对象创建流程图，然后组合流程图中的所有对象。

- 创建培训流程表格，在其中输入相应内容后，将组合的流程图以图片的形式复制、粘贴至表格中。
- 使用Word内置的样式美化表格。

练习2：编排"公司考勤制度"文档

本练习要求打开素材文件中的"公司考勤制度.docx"文档，修改文本的字体格式后，再进行编辑美化。参考效果如图2-94所示。

素材所在位置 素材文件\项目二\公司考勤制度.docx

效果所在位置 效果文件\项目二\公司考勤制度.docx

图2-94 "公司考勤制度"文档

操作要求如下。

- 打开"公司考勤制度.docx"文档，为其应用Word内置的主题。
- 为"第一部分 考勤制度"文本和"第二部分 请、休假制度"文本应用"标题"样式，再修改该样式。
- 修改正文的样式，再新建"第 条"样式的编号，并将其应用到标题下方的相应条款中。
- 为条款下方的同级段落添加"1. 2. 3. "样式的编号，再添加页脚和封面。
- 为"普通员工"文本下方和"部门主管请假，需总经理……"文本下方的表格应用Word内置的样式，然后将表格内的文本设置为居中显示。

高效办公——使用文心一格快速生成图片

文心一格是百度依托飞桨、文心大模型的技术创新推出的"AI作画"产品，它可以通过指定图像风格、艺术家等方式，针对同一句语言描述生成多样化的、具备不同特点的图像。在应用领域，文心一格面向的用户人群非常广泛，它既能启发画师、设计师、艺术家等专业视觉内容创作者的灵感，辅助其进行艺术创作，又能为媒体、办公、创作等领域的创作者提供高质量、高效率的插图素材。

1. 明确图片主题

使用文心一格生成图片，首先要明确图片的主题，如动物、风景、人物等，然后通过简单的语言描述让文心一格生成相应的图片。

2. 输入提示词

输入提示词时，要尽可能清晰、明确地描述出画面的每一个细节，如"花瓶里的郁金香，在室内，细节刻画，高清画面"，这样，文心一格才能准确地知道绘画需求。除此之外，还可以设置画面类型、比例、数量等参数，然后单击 立即生成 按钮，等待一段时间后，便可生成相应的图片，如图2-95所示。

图2-95　使用文心一格生成图片

3. 编辑图片

将鼠标指针移至需要编辑的图片上，单击左下角的"去编辑"超链接，在打开的界面中可以进行"涂抹消除""涂抹编辑""图片叠加"等操作。需要注意的是，图片编辑功能需要成为会员才能使用。

4. 保存图片

编辑完图片后，单击"下载"按钮 ，系统会将图片保存至设置的计算机路径中。此外，点击图片可以查看大图，并且在右侧的工具栏中可以进行"分享""放入收藏夹""画作公开""添加标签""删除"等操作。

项目三

Word 特殊版式设计与批量制作

情景导入

在老洪的帮助和指导下，米拉对办公文档的制作越来越得心应手，工作效率也越来越高。无论是普通文档的输入编辑，还是长文档的审阅，甚至是图文混排的海报制作，她都游刃有余。这天，为了考查米拉的学习成果，老洪准备安排米拉制作拥有特殊版式和统一内容的文档。

学习目标

- 掌握设计Word特殊版式的方法。

  掌握设置页面版式、调整字符宽度与合并字符、设置双行合一、设置首字下沉、分栏排版、设置页面背景、打印文档等操作。

- 掌握批量制作文档的方法。

  掌握打开数据源、插入合并域等操作。

素质目标

- 通过学习排版布局的优秀案例，提升排版布局技能，并努力发展个人风格和个人创意。
- 采取合适的方法优化工作方式，认识到提高工作效率的重要性。

案例展示

▲ "勤俭节约倡议书"文档效果　　　　　　　▲ "名片"文档效果

任务一　制作“勤俭节约倡议书”文档

公司内部存在一些浪费资源现象，如员工离开办公室时未关闭计算机、电灯、空调等用电设备，过多或重复打印文件，过度采购办公用品或材料，水龙头未及时关闭或存在漏水现象，以及未合理安排工作任务导致重复劳动等。为了解决这些问题，提高员工对资源节约的意识和重视程度，老洪便安排米拉制作“勤俭节约倡议书”文档。本任务的参考效果如图3-1所示。

素材所在位置　素材文件\项目三\勤俭节约倡议书.docx、背景.png

效果所在位置　效果文件\项目三\勤俭节约倡议书.docx

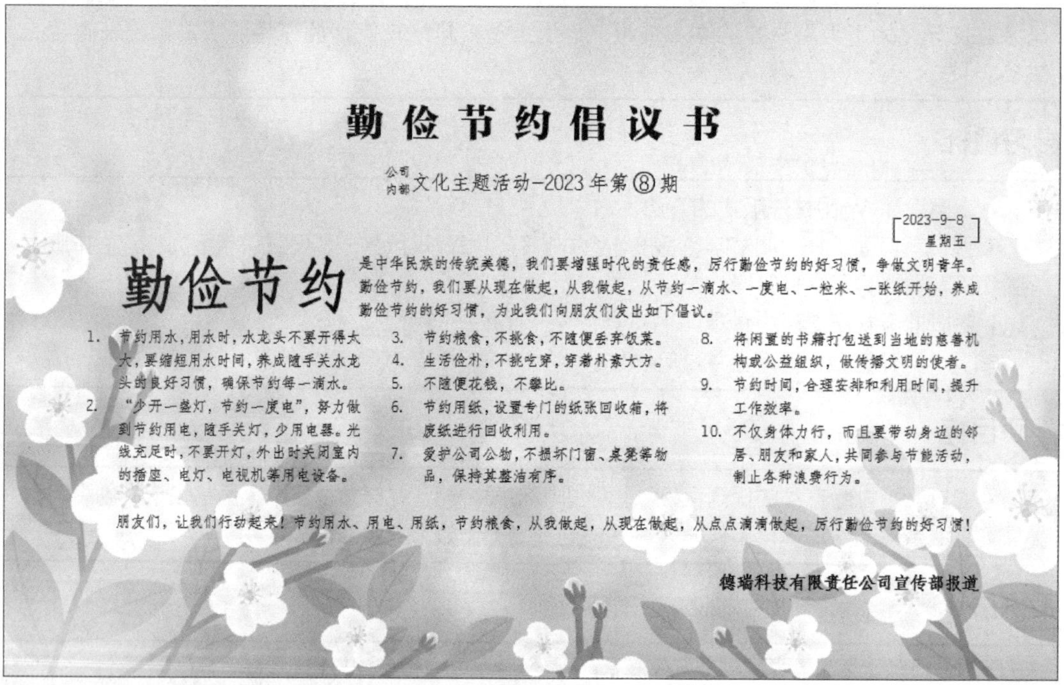
勤俭节约倡议书

公司内部文化主题活动-2023年第⑧期

[2023-9-8 星期五]

勤俭节约是中华民族的传统美德，我们要增强时代的责任感，厉行勤俭节约的好习惯，争做文明青年。勤俭节约，我们要从现在做起，从我做起，从节约一滴水、一度电、一粒米、一张纸开始，养成勤俭节约的好习惯，为此我们向朋友们发出如下倡议。

1. 节约用水，用水时，水龙头不要开得太大，要缩短用水时间，养成随手关水龙头的良好习惯，确保节约每一滴水。
2. “少开一盏灯，节约一度电”，努力做到节约用电，随手关灯，少用电器。光线充足时，不要开灯，外出时关闭室内的插座、电灯、电视机等用电设备。
3. 节约粮食，不挑食，不随便丢弃饭菜。
4. 生活俭朴，不挑吃穿，穿着朴素大方。
5. 不随便花钱，不攀比。
6. 节约用纸，设置专门的纸张回收箱，将废纸进行回收利用。
7. 爱护公司公物，不损坏门窗、桌凳等物品，保持其整洁有序。
8. 将闲置的书籍打包送到当地的慈善机构或公益组织，做传播文明的使者。
9. 节约时间，合理安排和利用时间，提升工作效率。
10. 不仅身体力行，而且要带动身边的邻居、朋友和家人，共同参与节能活动，制止各种浪费行为。

朋友们，让我们行动起来！节约用水、用电、用纸，节约粮食，从我做起，从现在做起，从点点滴滴做起，厉行勤俭节约的好习惯！

德瑞科技有限责任公司宣传部报道

图3-1　“勤俭节约倡议书”文档

一、任务描述

（一）任务背景

勤俭节约是一种积极的生活态度和行为习惯，其强调在日常生活中节约资源、避免浪费，并尽可能地利用现有资源创造最大的价值。在我国的历史长河中，勤俭节约一直被视为一种道德准则和生活态度，体现了中华民族勤劳、朴素、节约、节俭的精神。勤俭节约倡议书的语言要简洁，体现积极向上的态度，避免使用太过强硬的言辞，以确保产生积极的效果。本任务将制作“勤俭节约倡议书”文档，用到的操作主要有设置页面版式、调整字符宽度与合并字符、设置双行合一、设置首字下沉、分栏排版、设置页面背景、打印文档等。

（二）任务目标

（1）能够根据需要设置页面大小、页边距和页面方向。

（2）能够使用调整字符宽度、合并字符、双行合一和首字下沉等排版技巧增加文本的可读性，提高整体排版的美观度。

（3）能够通过分栏布局使整个页面具有良好的结构和层次感。

（4）能够为文档页面添加合适的背景。

（5）能够将制作好的文档打印出来。

二、任务实施

（一）设置页面版式

在制作文档时，为了确保文档内容可以在不同的媒介上良好地呈现，以及提高文档的可读性和美观性，通常需要设置文档的页面大小、页边距和页面方向，其具体操作如下。

（1）打开"勤俭节约倡议书"文档，在【布局】/【页面设置】组中单击右下角的"对话框启动器"按钮 ，打开"页面设置"对话框。

（2）单击"页边距"选项卡，在"页边距"栏中的"上""下""左""右"数值微调框中均输入"2厘米"，在"纸张方向"栏中选择"横向"选项，如图3-2所示。

（3）单击"纸张"选项卡，在"纸张大小"栏中的"宽度"数值微调框中输入"26厘米"，在"高度"数值微调框中输入"16厘米"，然后单击 确定 按钮，如图3-3所示。

图3-2 设置页边距和纸张方向

图3-3 设置纸张大小

（4）返回文档，设置标题文本的字体格式为"方正特雅宋简""一号""居中对齐"，设置"公司内部文化主题活动-2023年第8期"文本的字体格式为"方正仿宋简体""四号""居中对齐"，设置"2023-9-8 星期五"文本的字体格式为"方正仿宋简体""10.5""右对齐"，设置"德瑞科技有限责任公司宣传部报道"文本的字体格式为"方正仿宋简体""12""加粗""右对齐"，设置其余文本的字体格式为"方正仿宋简体""10.5"，再设置正文第一段文本和倒数第二行文本首行缩进2字符。

（二）调整字符宽度与合并字符

微课视频
调整字符宽度与
合并字符

排版文档时，为了提高阅读的舒适性和流畅性，可以适当调整字符的宽度，以避免文字之间拥挤，还可以通过合并字符的方式改善某些字体的排版问题，提高字符间的空间利用率，其具体操作如下。

（1）选择"勤俭节约倡议书"文本，在【开始】/【段落】组中单击"中文版式"按钮 ✕ 右侧的下拉按钮 ✓，在打开的下拉列表中选择"调整宽度"选项，如图3-4所示。

（2）打开"调整宽度"对话框，在"新文字宽度"数值微调框中输入"10字符"后，单击 确定 按钮，如图3-5所示。

图3-4　选择"调整宽度"选项

图3-5　设置"新文字宽度"

（3）选择"公司内部文化主题活动-2023年第8期"中的"公司内部"文本，在【开始】/【段落】组中单击"中文版式"按钮 ✕ 右侧的下拉按钮 ✓，在打开的下拉列表中选择"合并字符"选项。

（4）打开"合并字符"对话框，在"字号"下拉列表框中选择"9"选项，然后单击 确定 按钮，如图3-6所示。

（5）返回文档，选择"公司内部文化主题活动-2023年第8期"中的"8"文本，在【开始】/【字体】组中单击"带圈字符"按钮 ⓐ，打开"带圈字符"对话框，在"样式"栏中选择"增大圈号"选项，然后单击 确定 按钮，如图3-7所示。

图3-6　合并字符

图3-7　设置带圈字符

（三）设置双行合一

双行合一是指将两行文本合并成一行显示，这样可以节省文档空间，改善排版内容。但是，在设置双行合一时，需要确保文本清晰、可读，避免信息过于拥挤而导致阅读困难。设置双行合一的具体操作如下。

（1）选择"2023-9-8　星期五"文本，在【开始】/【段落】组中单击"中文版式"按钮 🀄 右侧的下拉按钮 ⌄，在打开的下拉列表中选择"双行合一"选项。

（2）打开"双行合一"对话框，选中"带括号"复选框，并在下方的"括号样式"下拉列表框中选择"[ ]"选项，然后单击 确定 按钮，如图3-8所示。

（3）返回文档，选择设置双行合一的文本，在【开始】/【字体】组中设置字号为"20"，如图3-9所示。

微课视频

设置双行合一

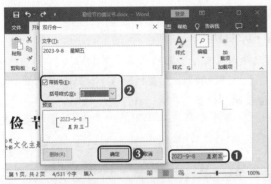

图3-8　设置双行合一

图3-9　调整双行合一文本的字号

多学一招　　　　　　　　　　　　　**中文版式**

　　在【开始】/【段落】组中单击"中文版式"按钮 🀄 右侧的下拉按钮 ⌄，打开的下拉列表中包括"纵横混排"和"字符缩放"两个选项。其中，"纵横混排"是指将文字进行纵向和横向排列；"字符缩放"是指将字符进行横向缩放。

（四）设置首字下沉

微课视频

设置首字下沉

在Word中，使用首字下沉功能可以实现段落首字放大、嵌入显示的效果，从而使段落首字更加醒目，通常适用于标题、摘要或章节开头等场景，其具体操作如下。

（1）选择正文第一行中的"勤俭节约"文本，在【插入】/【文本】组中单击"首字下沉"按钮 🅰 下方的下拉按钮 ⌄，在打开的下拉列表中选择"首字下沉选项"选项，如图3-10所示。

（2）打开"首字下沉"对话框，在"位置"栏中选择"下沉"选项，在"距正文"数值微调框中输入"0.2厘米"，然后单击 确定 按钮，如图3-11所示。

（3）返回文档后，再次选择"勤俭节约"文本，在【开始】/【字体】组中单击"加粗"按钮 **B**，使其加粗显示。

（4）将文本插入点定位到正文第一段文本的末尾，在【开始】/【段落】组中单击右下角的"对话框启动器"按钮 ⌐，打开"段落"对话框，在"缩进和间距"选项卡"间距"栏的"段后"数值微调框中输入"0.2行"。

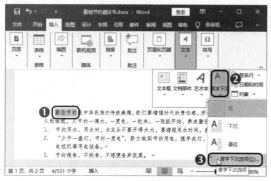

图3-10　选择"首字下沉选项"选项　　　　　　　　图3-11　设置下沉参数

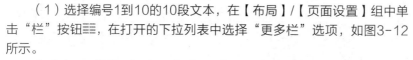

知识提示　　　　　　　　　　　　首字下沉的使用

　　　如果要取消首字下沉效果，可选择设置首字下沉的文本，在【插入】/【文本】组中单击"首字下沉"按钮A下方的下拉按钮，在打开的下拉列表中选择"无"选项，或在"首字下沉"对话框的"位置"栏中选择"无"选项。

（五）分栏排版

微课视频

分栏排版

　　分栏排版是一种常用的排版方式，它被广泛应用于制作具有特殊版式的文档，如报刊、图书、广告单等印刷品，使整个页面更具观赏性，其具体操作如下。

　　（1）选择编号1到10的10段文本，在【布局】/【页面设置】组中单击"栏"按钮，在打开的下拉列表中选择"更多栏"选项，如图3-12所示。

　　（2）打开"栏"对话框，在"预设"栏中选择"三栏"选项，在"宽度和间距"栏的"1："栏对应的"间距"数值微调框中输入"2.05 字符"，然后单击　确定　按钮，如图3-13所示。

图3-12　选择"更多栏"选项

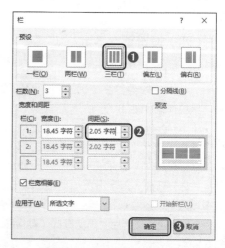

图3-13　设置分栏参数

　　（3）返回文档，可看到所选文本均匀分成3列显示。

（六）设置页面背景

微课视频

设置页面背景

为提高文档的美观度，在制作文档时，不仅可以使用不同的颜色来填充文档页面，还可以使用图片或图案等对象进行填充，其具体操作如下。

（1）在【设计】/【页面颜色】组中单击"页面颜色"按钮下方的下拉按钮，在打开的下拉列表中选择"填充效果"选项，如图3-14所示。

（2）打开"填充效果"对话框，单击"图片"选项卡，再单击 选择图片(L)... 按钮，如图3-15所示。

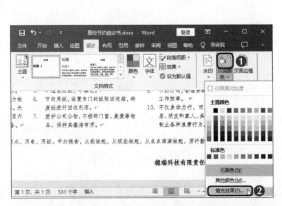

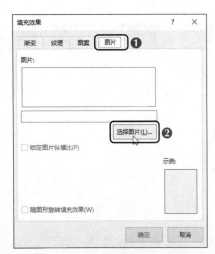

图3-14　选择"填充效果"选项　　　　　　图3-15　单击"选择图片"按钮

（3）打开"插入图片"对话框，选择"从文件"选项，打开"选择图片"对话框，在左侧的导航窗格中选择图片的保存位置，在右侧的编辑区中选择"背景.png"图片，然后单击 插入(S) 按钮，如图3-16所示。

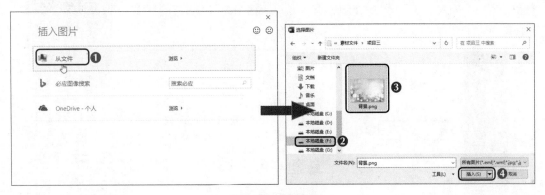

图3-16　选择图片

多学一招　　　　　　　　　**其他填充方式**

在【设计】/【页面颜色】组中单击"页面颜色"按钮下方的下拉按钮，在打开的下拉列表中选择任意一种颜色选项，可填充纯色背景。在"填充效果"对话框中单击"渐变""纹理"或"图案"选项卡，可填充渐变、纹理或图案背景。

（4）返回"填充效果"对话框，单击 确定 按钮。返回文档，绘制一个与页面大小一致的矩形，然后在【形状格式】/【形状样式】组中设置"形状填充"为"白色，背景1"，"形状轮廓"为"无轮廓"。

（5）选择矩形形状，在【形状格式】/【排列】组中单击"下移一层"按钮 下方的下拉按钮，在打开的下拉列表中选择"衬于文字下方"选项，如图3-17所示。

（6）保持矩形形状的选择状态，单击鼠标右键，在弹出的快捷菜单中选择"设置形状格式"命令，打开"设置形状格式"任务窗格，在"填充"栏的"透明度"数值微调框中输入"50%"，如图3-18所示。

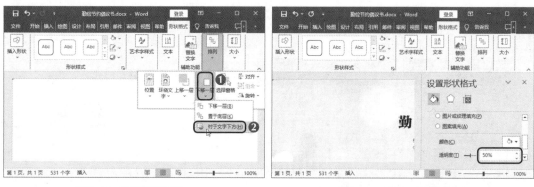

图3-17　设置形状层级　　　　　　　　图3-18　设置形状透明度

（7）单击"设置形状格式"任务窗格右上角的"关闭"按钮×，关闭该任务窗格。

（七）打印文档

文档制作完成后，还需要将其打印出来，使电子文件转换为实体文件，便于文档的阅读、传递与保存，其具体操作如下。

（1）选择【文件】/【打印】命令，打开"打印"界面，在"份数"数值微调框中输入"10"，在"打印机"下拉列表框中选择连接好的打印机，如图3-19所示。

微课视频

打印文档

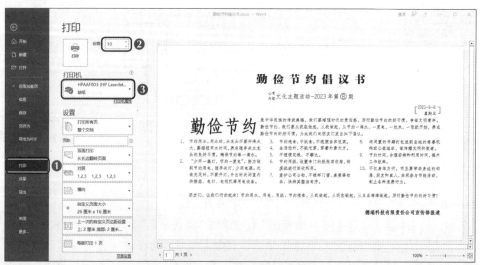

图3-19　设置打印份数和打印机

（2）在"打印"界面的右侧预览打印效果时，发现设置的背景没有显示出来，因此需要在"设置"栏中单击"页面设置"超链接，打开"页面设置"对话框。

（3）单击"纸张"选项卡，在其中单击 打印选项(I)... 按钮，打开"Word 选项"对话框，在左侧单击"显示"选项卡，在右侧的"打印选项"栏中选中"打印背景色和图像"复选框，然后单击 确定 按钮，如图3-20所示。

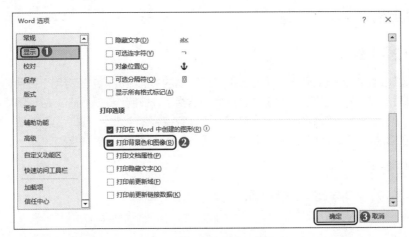

图3-20　打印背景色和图像

（4）返回"页面设置"对话框，单击 确定 按钮，返回"打印"界面，单击"打印"按钮🖶，打印机将开始打印文档。

任务二　批量制作"艺术节邀请函"文档

为了促进员工之间的互动和理解，营造多元文化和包容性的工作环境，以及提升品牌形象、树立员工社会责任感、吸引潜在客户和合作伙伴的关注，公司将举办一场艺术节活动。在此之前，需要给来参加艺术节的嘉宾发送邀请函，于是老洪安排米拉根据提供的邀请名单尽快制作出相应人员的邀请函。本任务中"艺术节邀请函"的参考效果如图3-21所示。

图3-21　"艺术节邀请函"文档

素材所在位置	素材文件＼项目三＼艺术节邀请函.docx、邀请名单.xlsx
效果所在位置	效果文件＼项目三＼艺术节邀请函.docx

一、任务描述

（一）任务背景

邀请函是邀请亲朋好友或知名人士等参加某项活动的书面邀请，广泛应用于各种社交场合。邀请函一般由标题、称谓、正文、落款组成，语言简洁明了。在制作邀请函时，应写明活动的具体日期和地点，以便被邀请者能够准确地安排时间。本任务将制作"艺术节邀请函"文档，用到的操作主要有打开数据源、选择邮件收件人、插入合并域、预览合并效果、合并文档等。

（二）任务目标

（1）能够将主文档与数据源关联起来，正确插入合并域。

（2）能够根据需要合并文档。

二、任务实施

（一）打开数据源

Word支持多种格式的数据源，如Excel电子表格、Access数据库、文本文档等，用户可以直接打开并进行引用，其具体操作如下。

微课视频

打开数据源

（1）打开"艺术节邀请函.docx"文档，在【邮件】/【开始邮件合并】组中单击"选择收件人"按钮右侧的下拉按钮，在打开的下拉列表中选择"使用现有列表"选项，如图3-22所示。

（2）打开"选取数据源"对话框，在素材文件夹中选择"邀请名单.xlsx"选项，然后单击 打开(O) 按钮，如图3-23所示。

图3-22 选择"使用现有列表"选项

图3-23 选取数据源

（3）打开"选择表格"窗口，在其中选择"Sheet1$"表格，并选中"数据首行包含列标题"复选框，然后单击 确定 按钮，如图3-24所示。

（4）返回文档，可看到"邮件"选项卡中部分按钮已被激活，表示已将数据源与主文档关联在一起,如"编辑收件人列表"按钮 📝、【编写和插入域】组中的按钮等,如图3-25所示。

图3-24　选择表格　　　　　　　　　图3-25　关联数据源与主文档

知识提示　　　　　　　　　　**创建数据源**

　　在【邮件】/【开始邮件合并】组中单击"选择收件人"按钮 📇 右侧的下拉按钮 ⌄,在打开的下拉列表中选择"键入新列表"选项,打开"新建地址列表"对话框,在其中输入收件人信息,并添加或删除条目后,单击 确定 按钮,打开"保存通讯录"对话框,在其中设置好文件保存位置和文件名称后,单击 保存(S) 按钮,即可将新建的收件人信息保存。

(二) 选择邮件收件人

　　在制作邀请函的过程中,若有嘉宾明确表示活动当天到不了,可以编辑收件人列表,将该嘉宾的姓名从数据源中删除,还可以查找重复输入的收件人姓名,其具体操作如下。

　　(1)在【邮件】/【开始邮件合并】组中单击"编辑收件人列表"按钮 📝,打开"邮件合并收件人"窗口,在下方的列表框中取消选中不需要发送邀请函人员姓名前面的复选框,如图3-26所示。

　　(2)单击"查找重复收件人"超链接,打开"查找重复收件人"窗口,取消选中任意一条重复信息后,单击 确定 按钮,如图3-27所示。

微课视频

选择邮件收件人

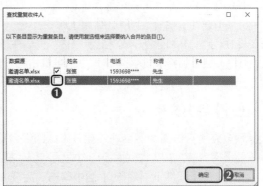

图3-26　选择收件人　　　　　　　　　图3-27　查找重复收件人

（3）返回"邮件合并收件人"窗口，单击 确定 按钮，返回文档。

知识提示 **刷新收件人列表**

当数据源中的数据发生变化时，可以在【邮件】/【开始邮件合并】组中单击"编辑收件人列表"按钮，打开"邮件合并收件人"窗口，在其中单击 刷新(H) 按钮，对收件人列表中的数据进行更新。

（三）插入合并域

微课视频

插入合并域

将数据源连接到文档后，就可以通过插入合并域来插入数据源中的特定字段，其具体操作如下。

（1）选择"×××"文本，在【邮件】/【编写和插入域】组中单击"插入合并域"按钮右侧的下拉按钮，在打开的下拉列表中选择"姓名"选项，如图3-28所示。

（2）此时，邀请函中的"×××"文本将变为"《姓名》"文本，然后使用相同的方法在"姓名"域后插入"称谓"域，如图3-29所示。

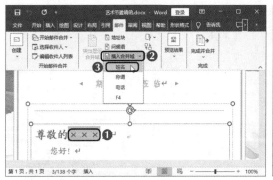

图3-28　选择合并域　　　　图3-29　插入合并域

（四）预览合并效果

微课视频

预览合并效果

插入合并域后，可将合并域转换为收件人列表中的实际数据，以便查看合并域的显示结果，判断是否满足邀请函的制作需求，其具体操作如下。

（1）在【邮件】/【预览结果】组中单击"预览结果"按钮，如图3-30所示，插入的合并域将显示收件人列表中的第一条记录。

（2）在【邮件】/【预览结果】组中单击"下一记录"按钮，将显示第二条记录，然后继续查看收件人列表中的其他记录，如图3-31所示。

（五）合并文档

微课视频

合并文档

预览完所有邀请函的合并效果并确认邮件合并的内容无误后，可以根据需要选择合并方式，得到最终的邀请函文档，其具体操作如下。

（1）在【邮件】/【完成】组中单击"完成并合并"按钮下方的下拉按钮，在打开的下拉列表中选择"编辑单个文档"选项，如图3-32所示。

（2）打开"合并到新文档"对话框，选中"全部"单选项，然后单击 确定 按钮，如图3-33所示。

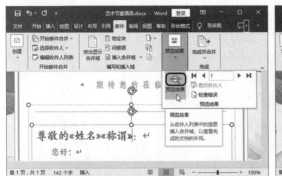

图3-30　预览合并结果

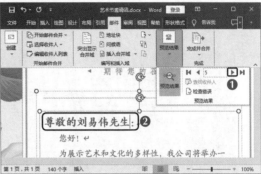

图3-31　查看其他合并数据

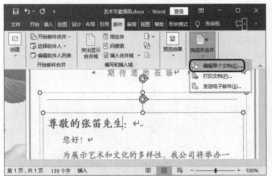

图3-32　选择合并方式

图3-33　"合并到新文档"对话框

（3）此时将生成"信函1"文档，该文档中包含所选收件人的邀请信息，然后将该文档另存为"艺术节邀请函.docx"。

> **多学一招**　　　　　　　　　　　**创建中文信封**
>
> 　　在实际工作中，若要为大量的客户发送信件，可以使用Word的中文信封功能。其方法为：在【邮件】/【创建】组中单击"中文信封"按钮 ，打开"信封制作向导"对话框，在其中依次设置信封样式、信封数量、收件人信息、寄信人信息后，单击 完成(F) 按钮，Word将自动创建一个信封样式的新文档，接着在页面中的相应位置插入合并域并生成即可。

实训一　制作"产品介绍"文档

【实训要求】

　　当企业需要发布新产品时，就需要制作"产品介绍"文档。"产品介绍"文档的主要目的是帮助潜在客户更好地了解新产品的特点、功能及优势。通过"产品介绍"文档，企业可以有效地传达产品的价值，吸引更多的客户。本实训制作完成后的文档效果如图3-34所示。

素材所在位置　素材文件 \ 项目三 \ 产品介绍.txt
效果所在位置　效果文件 \ 项目三 \ 产品介绍.docx

HX-4K 超薄悬浮屏电视 带你领略精彩世界

　　HX-4K 是一款超高清、超薄的悬浮屏电视，运行速度快，立体声强，且色彩艳丽。该产品自上市以来，受到了很多用户的青睐。

　　HX-4K 产品相对于市面上其他相同类型的产品来说，具有以下优势。

1. 全新的悬浮屏

采用全新悬浮贴合工艺，使整个屏幕幕浮于背板之上，解决了传统金属边框缝隙大的问题，实现边框零缝隙，临场感更强。

2. 多屏互动

当手机与电视同处在一个局域网下时，可将手机的内容直接投屏到电视上，运动跟准、看电影，尽享大屏畅快体验。

3. 硬核存储

四核 64 位 CPU 搭载 16GB 大内存，拒绝卡顿和容量不足，为您带来畅快体验。

4. 4K HDR

4K 超高清分辨率搭载 HDR 高动态范围解码，优化明暗对比，提升亮暗层次，画质细节清晰可见。

5. 绚丽色彩

通过三维色彩精准还原 10.7 亿级色彩和 100%色域，提供纯正、真实、准确的色彩，缤纷视界，呈现眼前。

6. DTS 音效

杜比 DTS 双解码搭配 DTS 后处理音效，还原音质细节，提升音质效果，增强声音的环绕感、临场感。

7. 智慧语音

89+场景覆盖，海量内容资源，一句话轻松体验，衣食住行娱全方位服务。

8. 健康少儿模式

一键进入少儿模式后，护眼模式将自动打开，家长可监控观看时长和视频内容，从而让儿童远离不安全的视频。

图 3-34 "产品介绍"文档

【实训思路】

　　制作"产品介绍"文档时，需要先明确目标受众群体，如潜在客户、合作伙伴或销售代理商等。不同的受众群体有不同的需求和期望，因此需要针对不同的受众群体编写不同的介绍文档。其次，需要设计产品介绍文档的布局和格式，以确保文档易于阅读和理解，如可以使用清晰的标题、子标题、背景、边框等元素来组织和呈现信息。注意，在编写文档时，需要使用清晰、简洁和易懂的语言，避免使用过于专业或复杂的术语，导致读者不知所云。

【步骤提示】

　　要完成本实训，需要先新建文档，然后输入文本、编辑文本，再设置文档的页面，最后将制作完成的文档保存到计算机中。具体步骤如下。

　　（1）新建一个空白文档，在其中输入"产品介绍.txt"文本文档中的内容。

　　（2）分别对文档中的总标题、各级小标题、正文的字体格式和段落格式进行设置。

　　（3）设置页面方向为横向，再调整页边距和纸张大小。

　　（4）将讲解产品优势的内容分为两栏排列。

　　（5）设置页面背景为双色渐变填充，再添加页面边框。

　　（6）将文档以"产品介绍"为名保存到计算机中。

　　（7）将文档打印5份。

实训二　批量制作"名片"文档

【实训要求】

随着公司员工数量的增长，为确保业务的高效开展、促进与潜在客户的深入交流，制作统一的名片与树立鲜明的品牌形象变得至关重要。这不仅有助于表现公司的专业性和可靠性，还能宣传公司文化。本实训制作完成后的文档效果如图3-35所示。

素材所在位置　素材文件 \ 项目三 \ 名片.docx、名片.txt

效果所在位置　效果文件 \ 项目三 \ 名片.docx

图3-35　"名片"文档

【实训思路】

名片是一种便捷的个人介绍信，因其小巧、便携的特点，常用于商务活动和社交场合。名片主要包括姓名、职位、联系电话、电子邮箱（后文简称"邮箱"）、公司地址等内容。在制作名片时，应注重简洁明了，以便于潜在客户能够迅速获取关键信息。另外，如果个人信息发生变化，则需要及时更新名片，以确保信息的准确传达。

【步骤提示】

要完成本实训，需要先打开素材文档，并在相应的位置插入合并域，然后将生成的合并文档保存到计算机中。具体步骤如下。

（1）打开"名片.docx"文档，再打开包含名片信息的数据源。

（2）检查数据源中是否有重复收件人，如果有，删去其中一条重复信息；如果没有，则继续执行相关操作。

（3）分别在"姓名""职位""联系电话""邮箱""公司地址"文本所在处插入"姓名""职位""联系电话""邮箱""公司地址"。

（4）预览合并后的效果，再将合并的文档以"名片"为名保存到计算机中。

课后练习

练习1：制作"会议简报"文档

本练习要求打开素材文件中的"会议简报.docx"文档，设置字体格式和页面版式后，再打印3份。参考效果如图3-36所示。

素材所在位置 素材文件\项目三\会议简报.docx

效果所在位置 效果文件\项目三\会议简报.docx

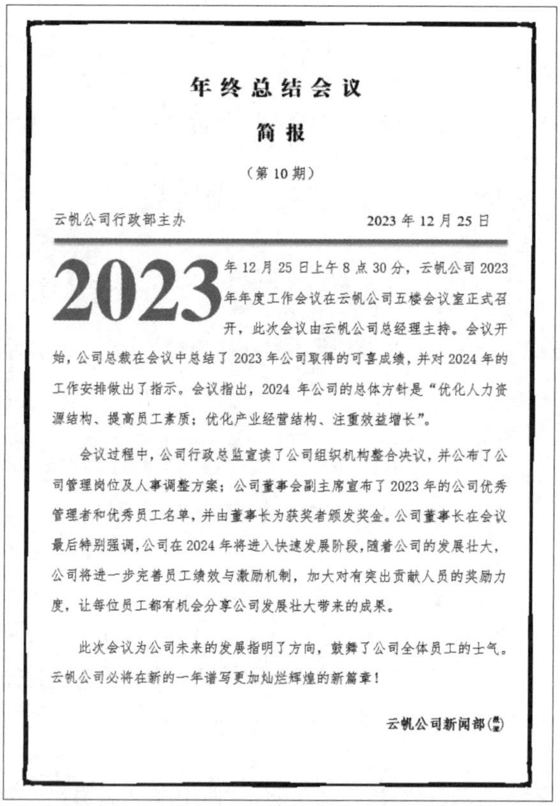

年 终 总 结 会 议

简 报

（第 10 期）

云帆公司行政部主办　　　　　　　　2023 年 12 月 25 日

2023 年 12 月 25 日上午 8 点 30 分，云帆公司 2023 年年度工作会议在云帆公司五楼会议室正式召开，此次会议由云帆公司总经理主持。会议开始，公司总裁在会议中总结了 2023 年公司取得的可喜成绩，并对 2024 年的工作安排做出了指示。会议指出，2024 年公司的总体方针是"优化人力资源结构、提高员工素质；优化产业经营结构、注重效益增长"。

会议过程中，公司行政总监宣读了公司组织机构整合决议，并公布了公司管理岗位及人事调整方案；公司董事会副主席宣布了 2023 年的公司优秀管理者和优秀员工名单，并由董事长为获奖者颁发奖金。公司董事长在会议最后特别强调，公司在 2024 年将进入快速发展阶段，随着公司的发展壮大，公司将进一步完善员工绩效与激励机制，加大对有突出贡献人员的奖励力度，让每位员工都有机会分享公司发展壮大带来的成果。

此次会议为公司未来的发展指明了方向，鼓舞了公司全体员工的士气。云帆公司必将在新的一年谱写更加灿烂辉煌的新篇章！

云帆公司新闻部（报道）

图 3-36 "会议简报"文档

操作要求如下。

- 打开"会议简报.docx"文档，设置字体格式后，自定义页边距。
- 选择正文中的"2023"文本，设置首字下沉。
- 选择最后一行文本中的"报道"文本，设置双行合一。
- 将文档打印3份。

练习2：批量制作"志愿者活动通知"文档

本练习要求批量制作"志愿者活动通知"文档，在其中输入并编辑文本内容后，插入合并域。参考效果如图3-37所示。

素材所在位置 素材文件\项目三\志愿者资料.txt、志愿者活动通知.txt、
志愿者活动通知背景图片.jpg

效果所在位置 效果文件\项目三\志愿者活动通知.docx

图3-37 "志愿者活动通知"文档

操作要求如下。

● 新建并保存"志愿者活动通知.docx"文档，在其中输入并编辑"志愿者活动通知.txt"文本
文档中的内容。

● 插入"志愿者活动通知背景图片.jpg"图片，并将其作为该文档的背景。

● 将"×××"文本替换为"姓名"域和"性别"域，然后预览并保存合并后的文档。

高效办公——使用讯飞星火认知大模型撰写邮件

2023年4月，科大讯飞发布了具有文本生成、语言理解、知识问答、逻辑推理、数学能力、代
码能力、多模交互的产品——讯飞星火认知大模型。该模型除了可以进行多场景的对话外，还可以
帮助用户撰写邮件、脚本、文案、公文等内容，极大地方便了用户的日常工作。下面以使用讯飞星
火认知大模型撰写邮件为例，介绍讯飞星火认知大模型的使用方法。

1. 打开星火助手中心

在使用讯飞星火认知大模型撰写邮件之前，首先单击 助手中心 按钮，打开"星火助手中心"
界面，再单击"中文邮件助手"超链接，如图3-38所示。

2. 输入邮件概要

在下方的对话框中输入邮件主题、发送对象和内容要求，如"向总经理发送一份工作总结报
告，内容为今年的一些工作成果和改进措施"，效果如图3-39所示。

3. 完善文档内容

将生成的邮件复制、粘贴到Word文档中，然后根据实际情况填写项目名称和改进措施，确保
内容无误后，再发送邮件至总经理的邮箱。

若在"星火助手中心"界面单击"英文邮件撰写"超链接，可以在打开的界面中撰写英文邮件，其方法与撰写中文邮件的方法相同。

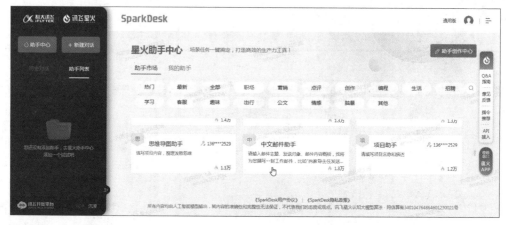

图3-38　打开"中文邮件助手"功能

图3-39　撰写邮件

项目四
Excel 基础与编辑美化

情景导入

　　米拉在公司中除了要负责各类办公文档的制作外，还需要制作和管理表格。一开始，米拉觉得Excel电子表格和Word中的表格功能是相似的，但在实际操作时，米拉还是遇到了很多问题。于是，在老洪的建议下，米拉决定从创建和管理表格的相关知识开始学习。

学习目标

- 掌握创建表格的方法。
　　掌握新建工作簿、输入与填充数据、保护和保存工作表，以及设置字体格式、数字格式、对齐方式、行高和列宽、边框和底纹等操作。
- 掌握编辑数据和数据表的方法。
　　掌握移动与复制数据、插入与删除单元格、清除与修改数据、查找与替换数据、套用表格格式，以及插入和重命名工作表、设置工作表标签颜色、隐藏和显示工作表等操作。
- 掌握美化和打印表格的方法。
　　掌握设置数据验证、单元格样式、条件格式、工作表背景，以及打印工作表等操作。

素质目标

- 具备正确、规范地处理办公数据的能力，且工作认真、仔细、有耐心、有效率。
- 培养智能化、自动化办公的个人能力，提高工作效率、减少重复性任务的时间和错误。

案例展示

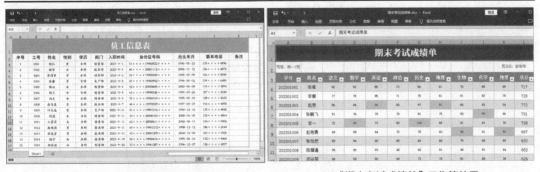

▲ "员工信息表"工作簿效果　　　　　　▲ "期末考试成绩单"工作簿效果

任务一　制作"员工信息表"工作簿

公司招聘流程结束后，为确保新进员工的相关信息得到有效保存，老洪便安排米拉将新员工的个人信息准确输入并存储到计算机中，制作"员工信息表"。同时，老洪还要求米拉对表格格式进行优化和调整，使其更具规范性和美观性。本任务的参考效果如图4-1所示。

 效果所在位置　效果文件\项目四\员工信息表.xlsx

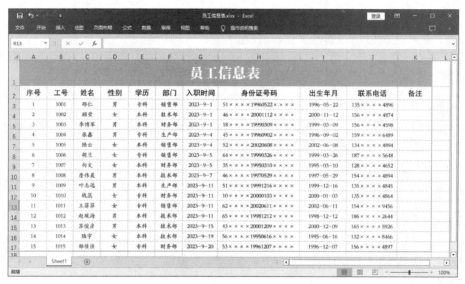

图4-1　"员工信息表"工作簿

一、任务描述

（一）任务背景

员工信息表是一种用于记录和管理公司中员工信息的表格或文档，它可以帮助公司有效地管理员工数据，包括员工的基本信息、入职日期、所属部门等。此外，员工信息表在人力资源管理中非常有用，既可以作为公司内部的人事决策、薪酬管理、绩效评估等的参考和依据，也可以用于与员工保持联系，提供必要的支持和管理。在制作这类表格时，应仔细核对各种信息，再对细节进行美化。本任务将制作"员工信息表"工作簿，用到的操作主要有新建工作簿、输入与填充数据、设置字体格式、设置数字格式、设置对齐方式、设置行高和列宽、设置边框和底纹、保护和保存工作表等。

（二）任务目标

（1）能够熟练新建、保存和保护表格。
（2）能够在表格中快速、正确地输入和填充不同类型的数据。

（3）能够设置字体格式、数字格式、对齐方式、行高和列宽、边框和底纹等表格属性，以便更好地显示和管理数据。

二、任务实施

（一）新建工作簿

微课视频

新建工作簿

在Excel中，工作簿是记录和组织数据的地方，因此，若要使用Excel制作表格，首先应该新建工作簿，其具体操作如下。

（1）单击"开始"按钮 ⊞ ，打开"开始"菜单，选择【E】/【Excel】菜单命令，打开"开始"选项卡，选择"空白工作簿"选项，如图4-2所示。

（2）系统将新建一个名为"工作簿1"的空白工作簿，如图4-3所示。

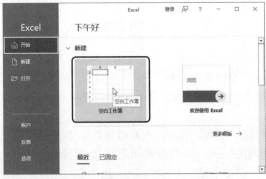

图4-2　选择"空白工作簿"选项

图4-3　新建空白工作簿

多学一招　　　　　　　　　　　　**新建工作簿的其他方法**

在Excel工作界面中按【Ctrl+N】组合键可快速新建空白工作簿；在桌面或文件夹的空白位置处单击鼠标右键，在弹出的快捷菜单中选择"新建"命令，在弹出的子菜单中选择"Microsoft Excel 工作表"命令，也可快速新建空白工作簿。

（二）输入与填充数据

微课视频

输入与填充数据

输入数据是制作表格的基础，Excel支持各种类型的数据输入，如文本、数字、日期与时间等。如果数据是相同的或有规律的，则可以使用Excel的填充功能快速输入数据，其具体操作如下。

（1）选择A1单元格，输入"员工信息表"文本，然后按【Enter】键确认并跳转至A2单元格。

（2）在A2单元格中输入"序号"文本，然后按【Tab】键或【→】键跳转至B2单元格，并在B2:K2单元格区域中依次输入"工号""姓名""性别""学历""部门""入职时间""身份证号码""出生年月""联系电话""备注"等文本。

（3）选择A3单元格，输入"1"文本后，按住【Ctrl】键，再将鼠标指针移至该单元格的右下角，当鼠标指针变成╋形状时，按住鼠标左键并向下拖动至A17单元格，如图4-4所示。

（4）选择B3单元格，输入“1001”文本，然后将鼠标指针移至该单元格的右下角，当鼠标指针变成✚形状时双击，数据将自动填充至B17单元格。

（5）在B3:B17单元格区域的右下角单击“自动填充选项”按钮，在打开的下拉列表中选择“填充序列”选项，如图4-5所示。

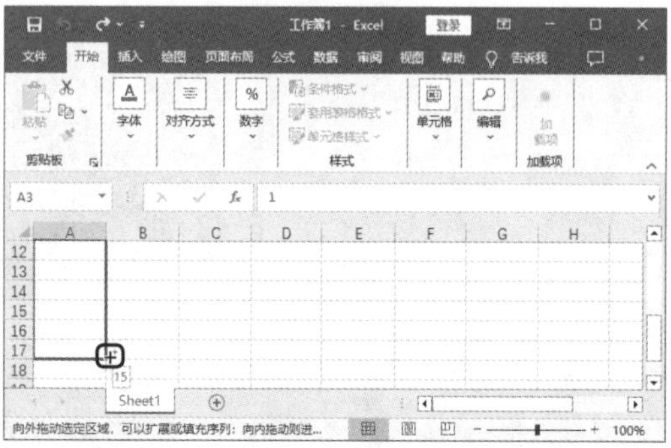

图4-4　填充序号

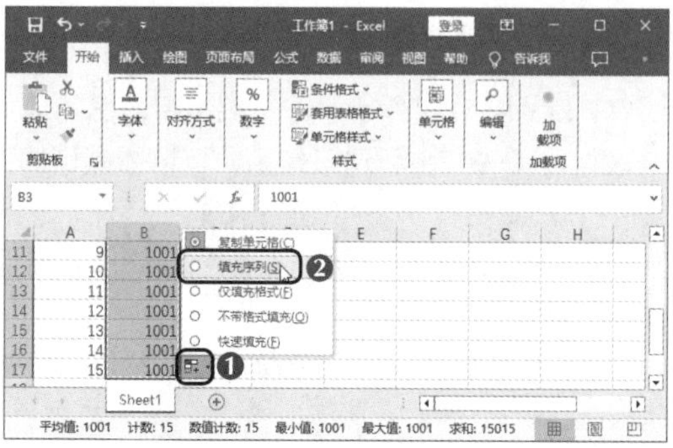

图4-5　选择“填充序列”选项

（6）在C3:C17单元格区域中输入新进员工的姓名，然后按住【Ctrl】键，同时选择D列中需要输入“男”文本的单元格，并在选择的最后一个单元格中输入“男”文本，如图4-6所示。

（7）按【Ctrl+Enter】组合键确认输入，然后使用同样的方法在D列的其他单元格中输入“女”文本。

（8）在E3:H17单元格区域中输入新进员工对应的学历、部门、入职时间、身份证号码等信息，然后在I3单元格中输入H3单元格中代表出生年月的信息，如“19960522”，接着选择I3:I17单元格区域，按【Ctrl+E】组合键，或在【开始】/【编辑】组中单击“填充”按钮右侧的下拉按钮，在打开的下拉列表中选择“快速填充”选项，如图4-7所示。

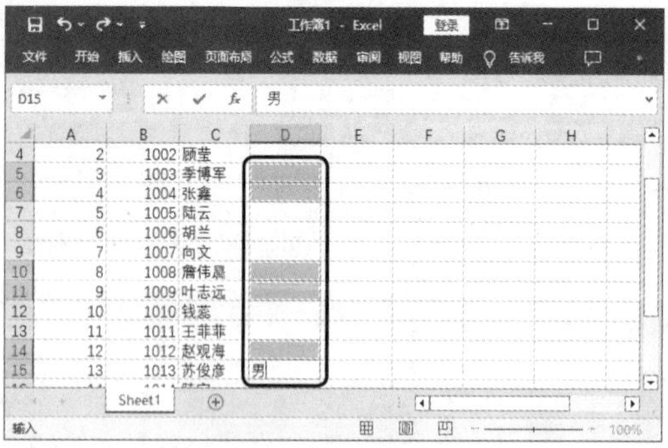

图4-6　填充性别

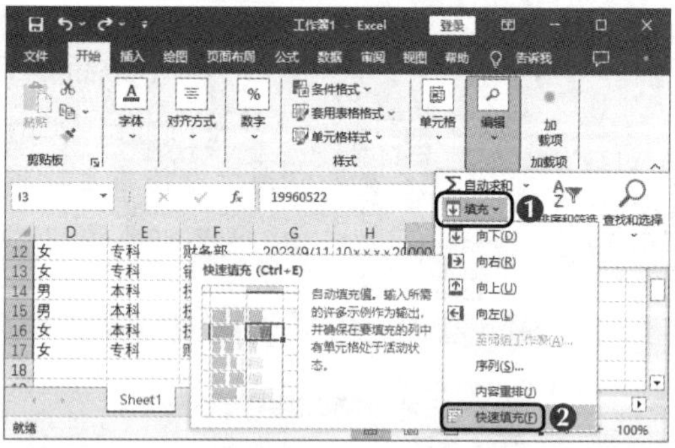

图4-7　填充出生年月

知识提示

正确输入身份证号码

在单元格中输入超过11位的数据时，系统会默认以科学记数法的形式显示；若数据超过15位，则系统会自动将第15位后的数字转换为“0”。因此，若想让输入的身份证号码正确显示，可先将单元格的数字格式设置为“文本”，再输入身份证号码；或者在输入身份证号码前先输入英文状态下的“'”，使系统将输入的身份证号码自动识别为文本。

（9）在J3:K17单元格区域中输入员工对应的联系电话和备注等信息，完成数据的输入。

（三）设置字体格式

在单元格中输入的数据都是采用Excel默认的字体格式，这让表格看起来没有主次之分。为了让表格内容更加直观、便于进一步查看与分析表格数据，可以设置单元格中的字体格式，其具体操作如下。

（1）选择A1单元格，在【开始】/【字体】组中的"字体"下拉列表框中选择"方正特雅宋简"选项，如图4-8所示。

（2）保持A1单元格的选择状态，在【开始】/【字体】组中的"字号"下拉列表框中选择"28"选项，如图4-9所示。

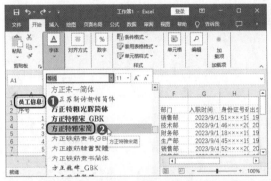

图4-8　设置字体

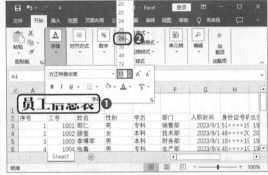

图4-9　设置字号

（3）选择A2:K2单元格区域，设置"字体"为"方正黑体简体"，"字号"为"14"。

（4）选择A3:K17单元格区域，设置"字体"为"方正精品楷体_GBK"，"字号"为"11"。

（四）设置数字格式

Excel支持多种数字类型，如数值、货币和日期等，通过设置数字格式，可以将数值数据呈现为货币形式、百分比形式，或者按照特定的日期和时间格式显示，从而方便人们更直观地理解数据，其具体操作如下。

（1）选择G3:G17单元格区域，单击鼠标右键，在弹出的快捷菜单中选择"设置单元格格式"命令，如图4-10所示。

（2）打开"设置单元格格式"对话框，在"数字"选项卡中的"分类"栏中选择"自定义"选项，在"类型"列表框中选择"yyyy/m/d"选项，然后在文本框中将"/"修改为"-"，最后单击 确定 按钮，如图4-11所示。

多学一招　　　　　　　　　　**在功能区设置数字格式**

在【开始】/【数字】组中单击"会计数字格式"按钮，可设置货币样式；单击"百分比样式"按钮%，可设置百分比样式；单击"千位分隔样式"按钮，可设置千位分隔样式；单击"增加小数位数"按钮或"减少小数位数"按钮，可增加或减少数据的小数位数。

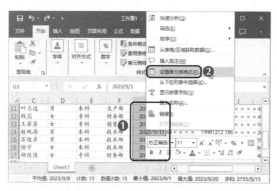

图4-10　选择"设置单元格格式"命令　　　　　图4-11　自定义日期格式

（3）选择I3:I17单元格区域，在【开始】/【数字】组中单击右下角的"对话框启动器"按钮，打开"设置单元格格式"对话框，在"数字"选项卡中的"分类"栏中选择"自定义"选项，在"类型"栏中的文本框中输入"0000-00-00"，然后单击【确定】按钮。

（五）设置对齐方式

在Excel中，不同的数据默认有不同的对齐方式。为了方便查阅表格，使数据更清晰地呈现，以及更好地组织和比较数据，通常需要设置单元格中数据的对齐方式，其具体操作如下。

微课视频
设置对齐方式

（1）选择A1:K1单元格区域，在【开始】/【对齐方式】组中单击"合并后居中"按钮，如图4-12所示。

（2）选择A2:K17单元格区域，在【开始】/【对齐方式】组中单击"居中"按钮，如图4-13所示。

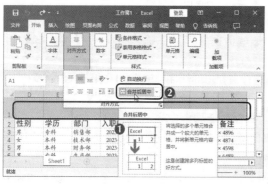

图4-12　合并单元格　　　　　　　　　　图4-13　设置文本居中对齐

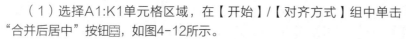

多学一招　　　　　　　　　　　　**拆分单元格**

当合并单元格不能满足表格需求时，可将其拆分。其方法为：选择合并后的单元格，在【开始】/【对齐方式】组中单击"合并后居中"按钮右侧的下拉按钮，在打开的下拉列表中选择"取消单元格合并"选项。

（六）设置行高和列宽

默认状态下，单元格的行高和列宽是固定不变的。但是，当单元格中的数据太多而不能完全显示时，就需要调整单元格的行高或列宽，使单元格能够完全显示其中的数据，其具体操作如下。

（1）选择H列，在【开始】/【单元格】组中单击"格式"按钮📋下方的下拉按钮，在打开的下拉列表中选择"自动调整列宽"选项，如图4-14所示。

（2）将鼠标指针移至I列和J列之间的分隔线上，当鼠标指针变成✛形状时，按住鼠标左键并向右拖动，此时鼠标指针附近将显示具体的列宽值，待拖动到合适位置处时释放鼠标，如图4-15所示。

图4-14　选择"自动调整列宽"选项

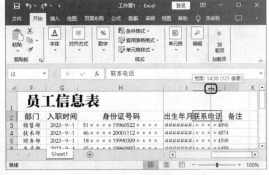

图4-15　拖动鼠标调整列宽

（3）使用同样的方法调整其他列的列宽，然后将鼠标指针移至第1行和第2行行号之间的分隔线上，当鼠标指针变为✛形状时，按住鼠标左键并向下拖动，适当增加第1行的行高。

（4）使用同样的方法适当增加第2行的行高，然后选择第3行至第17行，单击鼠标右键，在弹出的快捷菜单中选择"行高"命令，如图4-16所示。

（5）打开"行高"对话框，在"行高"文本框中输入"20"后，单击 确定 按钮，如图4-17所示。

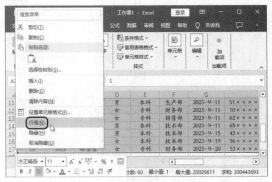

图4-16　选择"行高"命令

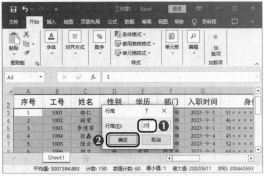

图4-17　精确调整行高

（七）设置边框和底纹

在Excel表格中，通过为特定区域添加边框或底纹，可以定义单元格的范围，使其更清晰地与其他单元格区分开，并使数据结构更加明确，其具体操作如下。

（1）选择A2:K17单元格区域，在【开始】/【字体】组中单击"边框"按钮田右侧的下拉按钮，在打开的下拉列表中选择"其他边框"选项，如图4-18所示。

（2）打开"设置单元格格式"对话框，在"边框"选项卡中的"样式"列表框中选择第5行第2个选项，在"颜色"下拉列表框中选择"绿色，个性色 6，淡色 40%"选项，在"预置"栏中单击"外边框"按钮田，然后在"样式"列表框中选择第6行第1个选项，在"预置"栏中单击"内部"按钮田，最后单击 确定 按钮，如图4-19所示。

微课视频

设置边框和底纹

图4-18　选择"其他边框"选项

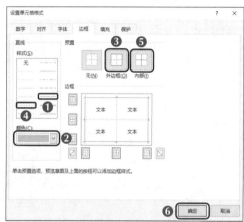

图4-19　设置边框样式

知识提示　　　　　　　　　　　**快速设置边框样式**

选择目标单元格或单元格区域后，在【开始】/【字体】组中单击"边框"按钮田右侧的下拉按钮，在打开的下拉列表中选择"上框线""下框线"等选项可快速添加对应的边框样式，选择"无边框"可取消边框样式。

（3）选择A1单元格，在【开始】/【字体】组中单击"填充颜色"按钮右侧的下拉按钮，在打开的下拉列表中选择"绿色，个性色 6，淡色 40%"选项，如图4-20所示。

（4）保持A1单元格的选择状态，在【开始】/【字体】组中单击"字体颜色"按钮A右侧的下拉按钮，在打开的下拉列表中选择"白色，背景 1"选项，如图4-21所示。

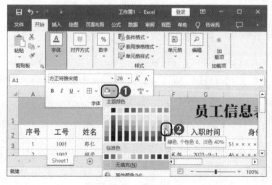

图4-20　设置底纹

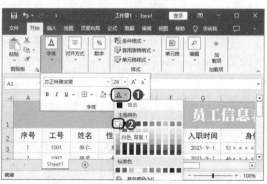

图4-21　设置字体颜色

（八）保护和保存工作表

Excel为用户提供了全方位的数据保护功能，可以更好地保护数据，避免重要数据被他人修改或删除。此外，为了方便以后查看和编辑，还可以将制作完成的表格保存到计算机中，其具体操作如下。

（1）在第1行行号和A列列标的交叉处单击"全选"按钮，全选所有单元格，然后单击鼠标右键，在弹出的快捷菜单中选择"设置单元格格式"命令。

（2）打开"设置单元格格式"对话框，单击"保护"选项卡，取消选中"锁定"复选框，再单击 确定 按钮，如图4-22所示。

（3）选择A1:K17单元格区域，按【Ctrl+1】组合键，打开"设置单元格格式"对话框，单击"保护"选项卡，选中"锁定"复选框，再单击 确定 按钮。

（4）在【审阅】/【保护】组中单击"保护工作表"按钮，打开"保护工作表"对话框，在"取消工作表保护时使用的密码"文本框中输入密码，如"123"，在"允许此工作表的所有用户进行"列表框中仅选中"选定解除锁定的单元格"复选框，表示用户只能在此工作表中选择没有锁定的单元格区域，然后单击 确定 按钮。

（5）打开"确认密码"对话框，在"重新输入密码"文本框中再次输入设置的密码，然后单击 确定 按钮，如图4-23所示。

图4-22 取消选中"锁定"复选框

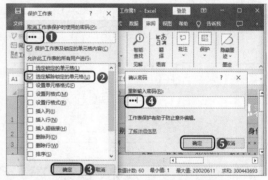

图4-23 设置保护密码

知识提示　　　　　　　　　**撤消工作表的保护设置**

　　设置了保护的工作表在未经授权的情况下，其他用户无法对该工作表进行编辑。若要撤销工作表的保护设置，可在【审阅】/【保护】组中单击"撤消工作表保护"按钮，打开"撤消工作表保护"对话框，在"密码"文本框中输入设置保护工作表时的密码，然后单击 确定 按钮。

（6）在快速访问工具栏中单击"保存"按钮，或按【Ctrl+S】组合键，打开"另存为"界面，在其中选择"浏览"选项，如图4-24所示。

（7）打开"另存为"对话框，在左侧的导航窗格中选择工作簿的保存位置，在"文件名"下拉列表框中输入"员工信息表"文本，然后单击 保存(S) 按钮，如图4-25所示。

图4-24　选择"浏览"选项　　　　　　　图4-25　设置保存参数

多学一招　　　　　　　　　　**关闭退出或另存工作簿**

　　　　不再使用工作簿时，可单击工作界面右上角的"关闭"按钮☒关闭并退出该
工作界面。另外，选择【文件】/【另存为】命令，可将工作簿以不同的名称保存
在不同的位置。

任务二　编辑"往来客户一览表"工作簿

　　米拉所在的公司已成立多年，并与众多公司建立了合作关系。今年又有一些新的公司陆续加
入合作，因此需要将这些公司的信息添加至原有的"往来客户一览表"中，并对表格进行更新和美
化。于是，老洪将这个任务交给了米拉。本任务的参考效果如图4-26所示。

素材所在位置　素材文件\项目四\往来客户一览表.xlsx、2023年往来客户
名单.xlsx

效果所在位置　效果文件\项目四\往来客户一览表.xlsx

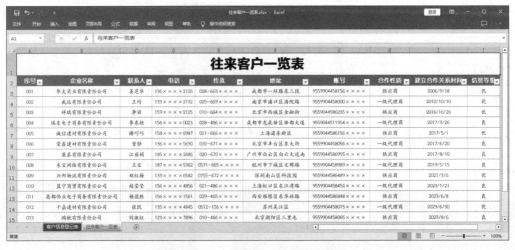

图4-26　"往来客户一览表"工作簿

一、任务描述

（一）任务背景

往来客户一览表是公司整理往来客户在交易方面的原始资料而形成的记录，如往来客户的企业名称、联系人、信誉等级，以及与本公司的合作性质等。为确保表格的准确性，公司应定期调查往来客户，及时更新往来客户的信息变化情况。若往来客户与本公司解除合作关系，则应尽快将其从往来客户一览表中删除，并将其资料与原始资料分别进行保管。本任务将编辑"往来客户一览表"工作簿，用到的操作主要有移动与复制数据、插入与删除单元格、清除与修改数据、查找与替换数据、套用表格格式、插入和重命名工作表、设置工作表标签颜色、隐藏和显示工作表等。

（二）任务目标

（1）能够熟练地在工作表中移动与复制数据、清除与修改数据、查找与替换数据，从而确保数据的一致性和正确性。

（2）能够根据需要插入与删除单元格。

（3）能够通过表格格式功能快速美化表格，统一表格样式。

（4）能够根据实际情况管理工作表，以确保工作表的可读性和易用性。

二、任务实施

（一）移动与复制数据

当需要调整单元格中相应数据的位置，或在其他单元格中编辑相同的数据时，可以利用Excel的移动与复制功能来快速编辑数据，以提高工作效率，其具体操作如下。

（1）打开"往来客户一览表.xlsx"工作簿和"2023年往来客户名单.xlsx"工作簿，然后选择"2023年往来客户名单.xlsx"工作簿中的B3:J7单元格区域，在【开始】/【剪贴板】组中单击"复制"按钮，如图4-27所示。

（2）在"往来客户一览表.xlsx"工作簿中选择B13单元格，在【开始】/【剪贴板】组中单击"粘贴"按钮，如图4-28所示。

图4-27 复制数据

图4-28 粘贴数据

（3）选择B11:J11单元格区域，在【开始】/【剪贴板】组中单击"剪切"按钮，再选择B18单元格，在【开始】/【剪贴板】组中单击"粘贴"按钮，如图4-29所示。

知识提示　　　　　　　　　　**不同的复制方式**

　　完成数据的复制后，目标单元格的右下角会出现"粘贴选项"下拉按钮，单击该下拉按钮，在打开的下拉列表中可选择以不同的方式粘贴数据，如粘贴源格式、粘贴数值，以及其他粘贴选项等。

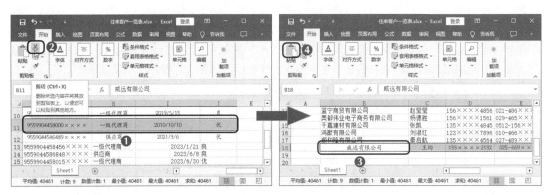

图4-29　移动数据

多学一招　　　　　　　　　　**使用快捷键移动或复制数据**

　　选择需要移动或复制数据的单元格或单元格区域，按【Ctrl+X】或【Ctrl+C】组合键，然后单击目标单元格，再按【Ctrl+V】组合键，即可移动或复制数据。

（4）选择A12单元格，按住【Ctrl】键，再将鼠标指针移至该单元格的右下角，当鼠标指针变成┿形状时，按住鼠标左键并向下拖动至A17单元格。

（5）再次选择A12单元格，在【开始】/【剪贴板】组中单击"格式刷"按钮，当鼠标指针变成形状时，拖动鼠标选择A13:A17单元格区域，为其应用相同的格式。

（6）使用同样的方法为其他复制的数据应用与同列数据相同的格式，然后调整第13行至第17行的行高为"21.75"。

（二）插入与删除单元格

　　在编辑表格数据时，若发现工作表中有遗漏的数据，可从在需要添加数据的位置插入新的单元格、行或列，再输入相关数据；若发现有多余的单元格、行或列，则可以将其删除，其具体操作如下。

（1）选择B4:J4单元格区域，在【开始】/【单元格】组中单击"插入"按钮下方的下拉按钮，在打开的下拉列表中选择"插入单元格"选项，如图4-30所示。

（2）打开"插入"对话框，选中"活动单元格下移"单选项，单击 确定 按钮，如图4-31所示。

（3）选择移动到B19:J19单元格区域中的数据，按【Ctrl+X】组合键剪切，再选择B4:J4单元格区域，按【Ctrl+V】组合键粘贴。

（4）选择B8:J8单元格区域，在【开始】/【单元格】组中单击"删除"按钮下方的下拉按钮，在打开的下拉列表中选择"删除单元格"选项，如图4-32所示。

微课视频
插入与删除单元格

（5）打开"删除文档"对话框，选中"下方单元格上移"单选项，单击 确定 按钮，如图4-33所示。

图4-30　选择"插入单元格"选项

图4-31　选中"活动单元格下移"单选项

图4-32　选择"删除单元格"选项

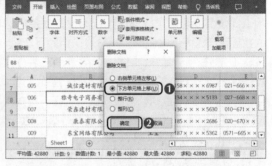

图4-33　选中"下方单元格上移"选项

（6）使用同样的方法删除B11:J11单元格区域，然后在第17行的行号上单击鼠标右键，在弹出的快捷菜单中选择"删除"命令。

多学一招　　　　　　　**通过快捷菜单插入或删除单元格**

　　在单元格上单击鼠标右键，在弹出的快捷菜单中选择"插入"或"删除"命令，打开"插入"或"删除文档"对话框，在其中可进行相应的插入单元格或删除单元格操作。

（三）清除与修改数据

在单元格中输入数据后，难免会出现输入错误或数据发生改变等情况，此时可以清除不需要的数据，并将其修改为需要的数据，其具体操作如下。

（1）双击B6单元格，当该单元格中出现闪烁的光标时，选择"明铭"文本，将其修改为"瑞东"文本，如图4-34所示。

（2）选择C6:J6单元格区域，在【开始】/【编辑】组中单击"清除"按钮右侧的下拉按钮，在打开的下拉列表中选择"清除内容"选项，如图4-35所示。

微课视频

清除与修改数据

（3）清除数据后，在C6:J6单元格区域中输入正确的企业客户信息。

图4-34　修改数据　　　　　　　　　　　图4-35　清除数据

（四）查找与替换数据

在Excel表格中手动查找或替换某个数据会非常麻烦，且容易出错，利用查找与替换功能可以快速定位满足查找条件的单元格，并将该单元格中的数据替换为需要的数据，其具体操作如下。

（1）在【开始】/【编辑】组中单击"查找和选择"按钮下方的下拉按钮，在打开的下拉列表中选择"查找"选项，如图4-36所示。

（2）打开"查找和替换"窗口，在"查找内容"下拉列表框中输入"优"文本，再单击 查找全部(I) 按钮，下方的列表框中将显示"信誉等级"为"优"的全部数据，如图4-37所示。

图4-36　选择"查找"选项　　　　　　　图4-37　查找符合条件的数据

（3）单击"替换"选项卡，在"查找内容"下拉列表框中输入"有限公司"文本，在"替换为"下拉列表框中输入"有限责任公司"文本，然后单击 全部替换(A) 按钮，如图4-38所示。

（4）系统将替换工作表中所有符合条件的工作表数据，并打开提示对话框，如图4-39所示，单击 确定(O) 按钮，返回"查找和替换"窗口，单击 关闭 按钮，返回工作表，可查看替换数据后的效果。

（五）套用表格格式

如果希望工作表美观、清晰，但又不想浪费太多的时间设置工作表格式，就可以使用套用表格格式功能直接套用系统中已设置好的表格格式。这样不仅能提高工作效率，还能保证表格格式的质量。其具体操作如下。

图4-38　替换数据

图4-39　完成替换

（1）选择A2:J16单元格区域，在【开始】/【样式】组中单击"套用表格格式"按钮 右侧的下拉按钮 ，在打开的下拉列表中选择"红色，表样式浅色10"选项，如图4-40所示。

（2）打开"创建表"对话框，在"表数据的来源"参数框中确认所选区域无误后，单击 确定 按钮，如图4-41所示。

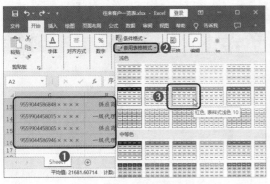

图4-40　选择表格样式

图4-41　设置表格样式参数

知识提示　　　　　　　　　　　**转换为普通单元格区域**

　　套用表格格式后，将激活"表设计"选项卡，在【表设计】/【工具】组中单击"转换为区域"按钮 ，可将套用了表格格式的单元格区域转换为普通的单元格区域，并取消表格的筛选功能。

（六）插入和重命名工作表

　　工作簿中默认的工作表只有一张，因此在实际工作中有时并不能满足需求，那么可以在工作簿中插入新的工作表。同时，为了方便记忆和管理，工作表可以命名为与所展示内容相关联的名称，其具体操作如下。

　　（1）在"Sheet1"工作表标签上单击鼠标右键，在弹出的快捷菜单中选择"插入"命令，如图4-42所示。

　　（2）打开"插入"对话框，在"常用"选项卡中选择"工作表"选项后，单击 确定 按钮，如图4-43所示。

微课视频

插入和重命名工作表

图4-42　选择"插入"命令

图4-43　选择插入工作表的类型

（3）此时"Sheet1"工作表左侧将插入一张空白的工作表，并自动命名为"Sheet2"。

（4）双击"Sheet2"工作表标签，或在"Sheet2"工作表标签上单击鼠标右键，在弹出的快捷菜单中选择"重命名"命令，当"Sheet2"工作表标签呈灰底黑字的可编辑状态时，输入"客户信息登记表"文本，如图4-44所示。

（5）在新建的"客户信息登记表"工作表中输入相关内容并进行格式设置，如图4-45所示。

图4-44　重命名工作表

图4-45　输入内容并进行格式设置

（6）使用同样的方法将"Sheet1"工作表重命名为"往来客户一览表"。

多学一招　　　　　　　　　　　**快速插入空白工作表**

　　在【开始】/【单元格】组中单击"插入"按钮下方的下拉按钮，在打开的下拉列表中选择"插入工作表"选项，可直接在当前工作表的后面插入一张空白工作表。

（七）设置工作表标签颜色

Excel中默认的工作表标签颜色是相同的，为区别工作簿中的各个工作表，除了重命名工作表，还可以为工作表标签设置不同颜色，其具体操作如下。

（1）在"往来客户一览表"工作表标签上单击鼠标右键，在弹出的快捷菜单中选择"工作表标签颜色"选项，在弹出的子菜单中选择"红色"选项，如图4-46所示。

微课视频

设置工作表标签颜色

（2）此时，"往来客户一览表"工作表标签将显示为红色，然后使用同样的方法将"客户信息登记表"工作表标签设置为"紫色"，如图4-47所示。

 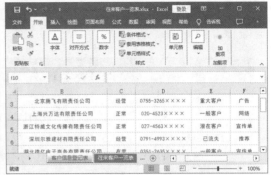

图4-46 选择工作表标签颜色　　　　　　　图4-47 设置工作表标签颜色后的效果

（八）隐藏和显示工作表

微课视频

隐藏和显示工作表

为防止重要的数据信息外泄，可以将含有重要数据的工作表暂时隐藏起来，待需要使用时再将其显示出来，其具体操作如下。

（1）在"客户信息登记表"工作表标签上单击鼠标右键，在弹出的快捷菜单中选择"隐藏"命令，此时，该工作簿中只剩"往来客户一览表"一张工作表，如图4-48所示。

（2）在"往来客户一览表"工作表标签上单击鼠标右键，在弹出的快捷菜单中选择"取消隐藏"命令，打开"取消隐藏"对话框，在其中选择需要显示的工作表"客户信息登记表"后，单击 确定 按钮，如图4-49所示。

图4-48 隐藏工作表　　　　　　　　　　图4-49 取消隐藏工作表

（3）返回工作簿后，可看到"客户信息登记表"工作表重新显示。

任务三　制作"图书借阅登记表"工作簿

为了帮助员工学习、更新知识和缓解压力，公司新设立了一间图书室，并由米拉暂时担任图书管理员。为了有效管理图书，老洪要求米拉根据实际情况记录所借图书信息、借阅人信息和图书借还明细，并将表格中的某些数据突出显示。本任务的参考效果如图4-50所示。

素材所在位置 素材文件\项目四\图书借阅登记表.xlsx、背景.jpg

效果所在位置 效果文件\项目四\图书借阅登记表.xlsx

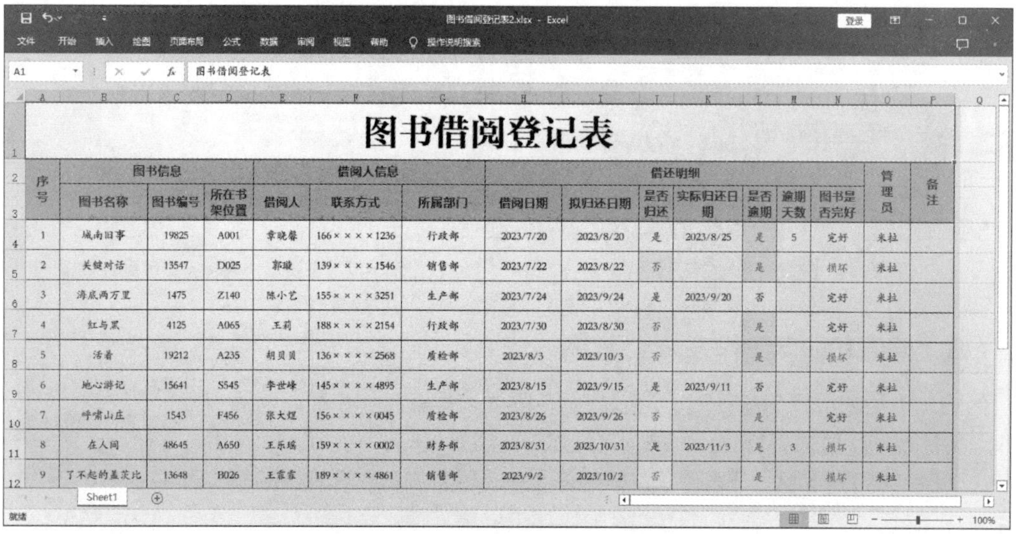

图书借阅登记表															
序号	图书信息			借阅人信息			借还明细							管理员	备注
	图书名称	图书编号	所在书架位置	借阅人	联系方式	所属部门	借阅日期	拟归还日期	是否归还	实际归还日期	是否逾期	逾期天数	图书是否完好		
1	城南旧事	19825	A001	章晓馨	166××××1236	行政部	2023/7/20	2023/8/20	是	2023/8/25	是	5	完好	米拉	
2	关键对话	13547	D025	郭璇	139××××1546	销售部	2023/7/22	2023/8/22	否		是		损坏	米拉	
3	海底两万里	1475	Z140	陈小艺	155××××3251	生产部	2023/7/24	2023/9/24	是	2023/9/20	否		完好	米拉	
4	红与黑	4125	A065	王莉	188××××2154	行政部	2023/7/30	2023/8/30	否		是		完好	米拉	
5	活着	19212	A235	胡贝贝	136××××2568	质检部	2023/8/3	2023/10/3	否		是		损坏	米拉	
6	地心游记	15641	S545	李世峰	145××××4895	生产部	2023/8/15	2023/9/15	是	2023/9/11	否		完好	米拉	
7	呼啸山庄	1543	F456	张大煜	156××××0045	质检部	2023/8/26	2023/9/26	否		是		完好	米拉	
8	在人间	48645	A650	王乐瑶	159××××0002	财务部	2023/8/31	2023/10/31	是	2023/11/3	是	3	损坏	米拉	
9	了不起的盖茨比	13648	B026	王霏霏	189××××4861	销售部	2023/9/2	2023/10/2	否		是		损坏	米拉	

图 4-50 “图书借阅登记表”工作簿

一、任务描述

（一）任务背景

图书借阅登记表是用来详细记录员工借阅图书情况的表格，通常包含借阅人姓名、借阅日期、归还日期、图书名称及编号、图书状态等信息。通过图书借阅登记表，公司可以对员工的借阅行为进行跟踪和管理，确保图书得到合理利用，并且能及时追溯。在制作图书借阅登记表时，要仔细记录图书的借阅期限，并提醒归还图书的时间，以避免产生逾期或遗失图书的情况。本任务将制作“图书借阅登记表”工作簿，用到的操作主要有设置数据验证、设置单元格样式、设置条件格式、设置工作表背景、打印工作表等。

（二）任务目标

（1）能够通过设置数据验证，限制单元格中的数据类型或数据范围。

（2）能够通过设置单元格样式，快速美化单元格或单元格区域。

（3）根据实际需要新建条件格式并突出显示数据。

（4）能够提高工作表的可视化效果、专业度和打印质量，使其更具吸引力和易读性。

二、任务实施

（一）设置数据验证

数据验证是一种用于确保输入数据符合规定条件的功能，通过设置数据验证，可以限制用户在单元格中输入的数据类型、范围或格式，从而减少错误并提高数据的准确性，其具体操作如下。

（1）打开"图书借阅登记表.xlsx"工作簿，选择G4:G18单元格区域，然后在【数据】/【数据工具】组中单击"数据验证"按钮，如图4-51所示。

（2）打开"数据验证"对话框，在"设置"选项卡中的"允许"下拉列表框中选择"序列"选项，在"来源"参数框中输入"销售部,行政部,技术部,生产部,财务部,质检部"文本（注意"，"为英文状态下输入的符号），如图4-52所示。

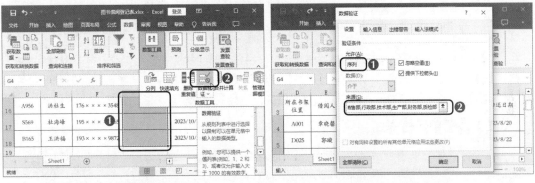

图4-51　单击"数据验证"按钮　　　　　　　图4-52　设置条件

（3）单击"输入信息"选项卡，在"标题"文本框中输入"注意"文本，在"输入信息"文本框中输入"请输入'销售部,行政部,技术部,生产部,财务部,质检部'中的任意一个部门"文本，如图4-53所示。

（4）单击"出错警告"选项卡，在"样式"下拉列表框中输入"警告"选项，在"错误信息"文本框中输入"输入的部门不在正确范围内，请重新输入！"文本，然后单击 确定 按钮，如图4-54所示。

 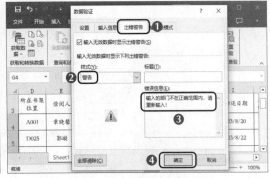

图4-53　设置提示信息　　　　　　　　　图4-54　设置警告信息

（5）返回工作表后，选择G4单元格，单击该单元格右下角的下拉按钮 ，在打开的下拉列表中选择图书借阅人对应的部门，如图4-55所示。

（6）如果不是选择输入，而是直接在单元格中输入数据，那么当输入的数据有误时，系统就会自动打开提示对话框，提示输入正确的数据，如图4-56所示。如果输入的数据准确无误但的确不在设置范围内，则单击 是(Y) 按钮完成输入，否则单击 否(N) 按钮重新输入。

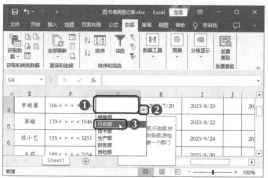

图4-55　选择部门　　　　　　　　　　图4-56　提示输入正确信息

（7）在G4:G18单元格区域中依次选择输入图书借阅人的部门信息，然后使用同样的方法为"是否归还""是否逾期""书籍是否完好"列设置数据验证。其中，"是否归还"和"是否逾期"列的数据验证来源均为是、否；"书籍是否完好"列的数据验证来源为完好、损坏。

（二）设置单元格样式

单元格样式是一种用于定义单元格外观和格式的属性集合，通过设置单元格样式，可以改变单元格中文本的字体、背景色、边框线条、对齐方式等，以美化和定制单元格的外观，其具体操作如下。

（1）选择A2:P3单元格区域，在【开始】/【样式】组中单击"单元格样式"按钮右侧的下拉按钮，在打开的下拉列表中选择"新建单元格样式"选项，如图4-57所示。

（2）打开"样式"对话框，在"样式名"文本框中输入"表头样式"文本后，单击 格式(O)... 按钮，如图4-58所示。

图4-57　选择"新建单元格样式"选项

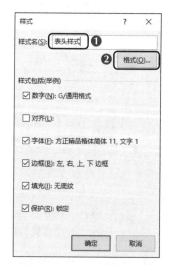

图4-58　创建新样式

（3）打开"设置单元格格式"对话框，单击"字体"选项卡，在"字体"列表框中选择"方正兰亭细黑简体"选项，在"字形"列表框中选择"加粗"选项，在"字号"列表框中选择"12"选项，在"颜色"下拉列表框中选择"黑色，文字1，淡色25%"选项，如图4-59所示。

（4）单击"填充"选项卡，在"背景色"栏中选择图4-60所示的颜色选项，然后单击 确定 按钮。

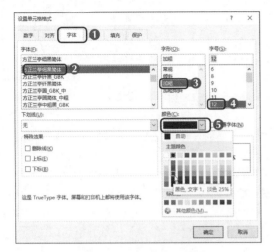

图4-59　设置样式的字体格式

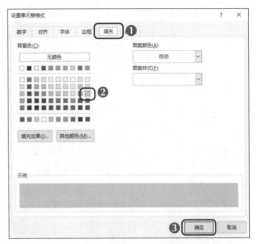

图4-60　设置样式的背景色

（5）返回"样式"对话框，单击 确定 按钮，返回工作表，再次在【开始】/【样式】组中单击"单元格样式"按钮 右侧的下拉按钮 ，在打开的下拉列表中选择"表头样式"选项，为所选单元格区域应用自定义的单元格样式。

（三）设置条件格式

条件格式能够根据指定条件来自动设置单元格样式。使用条件格式可以根据数据的特定值或规则自动地改变单元格的颜色、字体、边框等样式，以便突出显示或可视化数据的特定方面，其具体操作如下。

（1）按住【Ctrl】键，同时选择J4:J18单元格区域，在【开始】/【样式】组中单击"条件格式"按钮 右侧的下拉按钮 ，在打开的下拉列表中选择"突出显示单元格规则"选项，在打开的子列表中选择"文本包含"选项，如图4-61所示。

（2）打开"文本中包含"对话框，在"为包含以下文本的单元格设置格式"文本框中输入"否"文本，在"设置为"下拉列表框中选择"黄填充色深黄色文本"选项，然后单击 确定 按钮，如图4-62所示。

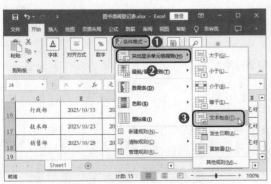

图4-61　选择"文本包含"选项

图4-62　设置条件格式

知识提示　　　　　　　　　　　　**清除条件格式**

　　在【开始】/【样式】组中单击"条件格式"按钮 右侧的下拉按钮，在打开的下拉列表中选择"清除规则"选项，在打开的子列表中选择"清除所选单元格的规则"选项，可清除当前所选单元格或单元格区域中的条件格式；选择"清除整个工作表中的规则"选项可清除整个工作表中的条件格式。

　　（3）使用同样的方法将L4:L18单元格区域中文本为"是"的单元格设置为"绿填充色深绿色文本"显示。

　　（4）选择N4:N18单元格区域，在【开始】/【样式】组中单击"条件格式"按钮 右侧的下拉按钮，在打开的下拉列表中选择"新建规则"选项。

　　（5）打开"新建格式规则"对话框，在"选择规则类型"列表框中选择"只为包含以下内容的单元格设置格式"选项，在"编辑规则说明"栏中的第一个下拉列表框中选择"特定文本"选项，在右侧的文本框中输入"损坏"文本，如图4-63所示。单击 格式(O)... 按钮，打开"设置单元格格式"对话框，单击"字体"选项卡，在"颜色"下拉列表框中选择"红色"选项，然后单击 确定 按钮，如图4-64所示。

图4-63　新建格式规则

图4-64　设置字体颜色

　　（6）返回"新建格式规则"对话框，单击 确定 按钮，返回工作表，可看到N4:N18单元格区域中显示为"损坏"文本的单元格其文本为红色。

知识提示　　　　　　　　　　　　**管理条件格式**

　　在"条件格式"下拉列表中选择"管理规则"选项，打开"条件格式规则管理器"对话框，在"显示其格式规则"下拉列表框中选择"当前工作表"选项，系统将显示当前工作表中的所有条件格式。单击 编辑规则(E)... 按钮，可在"编辑格式规则"对话框中修改所选规则；在某规则对应的"应用于"文本框中可更改应用规则的单元格区域；单击 × 删除规则(D) 按钮，可删除当前选择的规则。

（四）设置工作表背景

工作表默认背景是没有任何效果的，如果想要为工作表添加背景，使工作表在不影响内容显示的情况下变得更加个性化，则可为工作表设置背景，其具体操作如下。

微课视频
设置工作表背景

（1）在【页面布局】/【页面设置】组中单击"背景"按钮，进入"插入图片"界面，选择"从文件"选项，打开"工作表背景"对话框，选择"背景.jpg"图片后，单击 插入(S) 按钮，如图4-65所示。

图4-65　设置工作表背景

（2）返回工作表后，可查看设置工作表背景后的效果。

（五）打印工作表

微课视频
打印工作表

制作完表格后，就可以按照需求打印表格，但在打印表格之前，还需要预览表格的打印效果，并根据需要进行打印设置，其具体操作如下。

（1）选择【文件】/【打印】命令，进入"打印"界面，在"设置"栏中的"纵向"下拉列表框中选择"横向"选项，在"无缩放"下拉列表框中选择"将工作表调整为一页"选项，如图4-66所示。

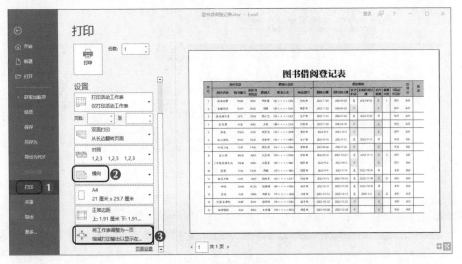

图4-66　打印设置

（2）单击"页面设置"超链接，打开"页面设置"对话框，单击"页边距"选项卡，在"居中方式"栏中选中"水平"和"垂直"复选框，如图4-67所示。

（3）单击"页眉/页脚"选项卡，再单击 自定义页眉(C)... 按钮，如图4-68所示。

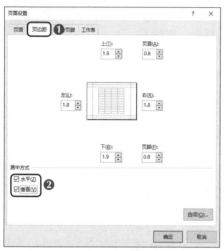

图4-67　设置居中方式

图4-68　单击"自定义页眉"按钮

（4）打开"页眉"对话框，将文本插入点定位至"左部"列表框中，然后单击"插入图片"按钮 ，进入"插入图片"界面，选择"从文件"选项，打开"插入图片"对话框，选择"背景.jpg"图片后，单击 插入(S) 按钮。

（5）返回"页眉"对话框，如图4-69所示，单击 确定 按钮，返回"页面设置"对话框，单击 确定 按钮，返回"打印"界面，可看到添加的背景图片已被显示，然后连接打印机，并在"份数"数值微调框中输入"3"，最后单击"打印"按钮 开始打印。

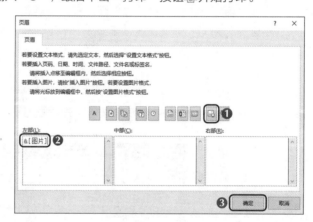

图4-69　设置页眉

多学一招　　　　　　　　　　**设置打印页数范围**

　　当不需要打印整张工作表，而只需打印工作表的部分区域时，可在工作表中选择需要打印的表格区域，然后在"打印"界面中的"打印活动工作表"下拉列表框中选择"打印选定区域"选项，并单击"打印"按钮 。

实训一 制作"面试人员成绩评定表"工作簿

【实训要求】

当公司组织招聘活动并有多个面试人员时，就会制作面试人员成绩评定表，以此来记录每个面试人员的分数和表现，从而为最终决策提供有力的依据。本实训制作完成后的效果如图4-70所示。

 效果所在位置 效果文件\项目四\面试人员成绩评定表.xlsx

图4-70 "面试人员成绩评定表"工作簿

【实训思路】

制作面试人员成绩评定表时，首先要明确评估指标和评分标准，再以此来设计评分表格并记录每个面试人员的分数和表现，最后汇总和分析数据，以便得出最终的评估结果。需要注意的是，评估指标和评分标准应该尽可能客观、公正，避免主观偏见，以确保面试评价的公正性和可信度。与此同时，评估指标和评分标准应该清晰明确，避免模糊或主观性描述。

【步骤提示】

要完成本实训，需要先新建工作簿，然后在单元格中输入具体的数据信息，再美化表格，最后将制作完成的工作簿保存到计算机中。具体步骤如下。

（1）新建一个空白工作簿，在其中输入面试人员成绩评定表的相关内容。

（2）根据内容合并单元格，再设置单元格中文本的字体格式和对齐方式。

（3）调整单元格的行高和列宽，使单元格中的内容能完整显示。

（4）为表格添加自定义的边框，再为部分单元格设置底纹。

（5）将工作簿以"面试人员成绩评定表"为名保存到计算机中。

实训二　编辑"网店客户记录表"工作簿

【实训要求】

网店刚开始经营时，需要建立网店客户记录表来管理客户信息，从而快速识别潜在客户、跟踪客户的购买历史和偏好，以及与客户进行沟通和促销，最终提升销售业绩和客户满意度。本实训制作完成后的工作簿效果如图4-71所示。

素材所在位置　素材文件\项目四\网店客户记录表.xlsx

效果所在位置　效果文件\项目四\网店客户记录表.xlsx

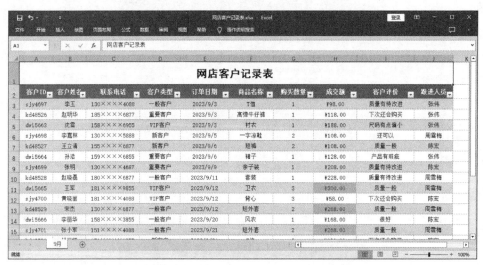

图4-71　"网店客户记录表"工作簿

【实训思路】

网店客户记录表是一种用于记录和管理网店客户信息的表格或数据库。通过维护和更新网店客户记录表，网店可以更好地了解客户，提供个性化的服务和推荐，制定有针对性的营销策略，并建立良好的客户关系，促进销售业绩增长和客户满意度的提升。在制作网店客户记录表时，要注意确保合理使用客户记录数据，遵守相关法律和规定，不得将客户信息用于非法或未经客户许可的目的。

【步骤提示】

要完成本实训，需要先打开素材工作簿，然后编辑单元格中数据的字体格式、数字格式和对齐方式，再调整单元格的行高和列宽，并应用内置的表格样式，最后突出显示排名前5的成交数据。

具体步骤如下。

（1）打开"网店客户记录表"工作簿，重命名工作表后，分别设置表格标题和表内容的字体格式、数字格式和对齐方式。

（2）为D3:D24单元格区域设置数据验证，然后通过下拉列表重新输入客户类型。

（3）根据表内容调整单元格的行高和列宽，再为表格应用内置的表格样式。

（4）为H4:H24单元格区域设置条件格式，使排名前5的成交数据突出显示。

课后练习

练习1：制作"原料采购清单"工作簿

本练习要求在新建的工作簿中输入表格数据，并设置数字格式、单元格样式、工作表背景，使表格数据排列有序，最后将其打印3份。参考效果如图4-72所示。

素材所在位置 素材文件＼项目四＼原料采购清单.txt、背景.png

效果所在位置 效果文件＼项目四＼原料采购清单.xlsx

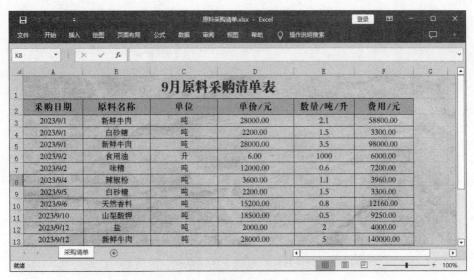

图4-72 "原料采购清单"工作簿

操作要求如下。

- 新建并保存"原料采购清单"工作簿，然后在工作表中输入和填充需要的数据。
- 根据内容调整单元格中数据的数字格式和对齐方式，再适当调整表格的行高和列宽。
- 为表格添加需要的边框，再自定义A2:F2单元格区域的单元格样式。
- 重命名工作表，再为表格添加图片背景，并使其在打印的时候显示出来。

练习2：编辑"期末考试成绩单"工作簿

本练习要求打开素材文件中的"期末考试成绩单.xlsx"工作簿，分别美化和重命名"Sheet1""Sheet2"和"Sheet3"工作表，再突出显示表格中的重要数据，以便查看和分析表格数据。参考效果如图4-73所示。

素材所在位置 素材文件\项目四\期末考试成绩单.xlsx
效果所在位置 效果文件\项目四\期末考试成绩单.xlsx

图 4-73 "期末考试成绩单"工作簿

操作要求如下。

● 打开"期末考试成绩单.xlsx"工作簿，通过设置字体格式、对齐方式、添加边框和底纹、调整行高和列宽、套用表格样式等方式美化工作表后，分别重命名各张工作表，并为其添加不同的工作表标签颜色。

● 新建条件格式，将1班、2班、3班中各科成绩排名第一的数据突出显示。

高效办公——使用方方格子进行数据采集

方方格子，简称FFCell，是一款基于Excel的工具箱软件（Com加载项），它包含上百个实用功能，包括文本处理、批量输入、删除工具、合并转换、重复值工具、数据对比、高级排序、颜色排序、合并单元格排序、聚光灯等，可以满足用户的日常办公需要，其主要功能选项如图4-74所示。下面以使用方方格子采集数据为例，介绍方方格子的使用方法。

图 4-74 "方方格子"功能选项卡

图4-74 "方方格子"功能选项卡（续）

1. 提取字符

选择需要提取字符的单元格区域，然后在【方方格子】/【文本处理】组中选中需要提取字符的类型，如选中"英文"复选框，再单击该组中的"执行"按钮右侧的下拉按钮，在打开的下拉列表中选择"提取"选项，打开"存放结果"对话框，选择存放数据的单元格，再单击 确定 按钮，便可在所选单元格区域中提取出需要的内容，如图4-75所示。

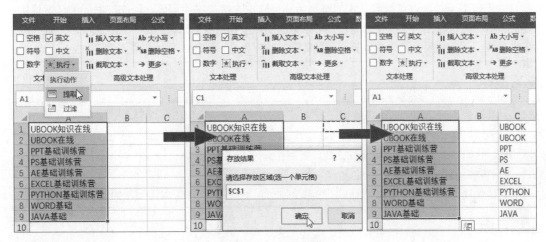

图4-75 提取字符

2. 聚光灯

选择数据区域中的任意单元格，在【方方格子】/【视图】组中单击"聚光灯"按钮，该单元格所在的行和列便会以添加底纹的形式选中，如图4-76所示。

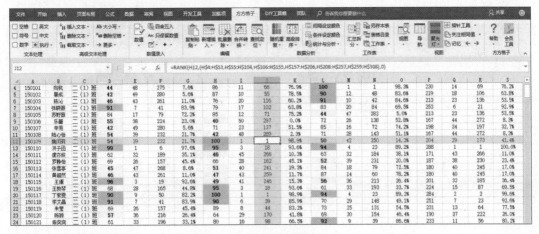

图4-76 聚光灯

项目五

Excel 数据计算与管理

情景导入

由于公司最近业务较多，有许多数据都需要米拉处理，而米拉面对如此庞大的数据量，一时有些无从下手。老洪了解到米拉的难点后，他建议米拉尝试使用Excel的数据计算与管理功能。Excel具有强大的数据处理能力，可以帮助用户按照自身需求进行数据统计和展示，并完成各种计算。无论是简单的算术运算，还是复杂的数据筛选、整理，Excel都能轻松完成。

学习目标

- 掌握使用公式和函数计算数据的方法。
  掌握使用加、减、乘、除等公式计算数据，以及使用SUM、VLOOKUP、IF、IFERROR、MAX、COLUMN等函数计算数据。
- 掌握管理表格数据的方法。
  掌握使用记录单输入数据、数据排序、数据筛选、分类汇总、定位选择与分列显示数据等操作。

素质目标

- 树立精益求精、严谨务实的工作作风，严格遵守公司内部章程，不泄露公司机密。
- 学会对不同类型的数据进行分类和组织，建立清晰的数据结构和命名规范，提高数据的可查找性和可用性。

案例展示

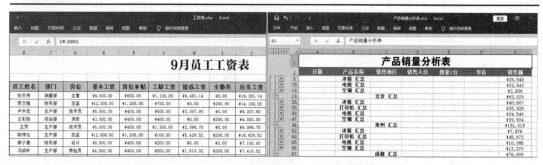

▲ "工资表" 工作簿效果　　　　　　　　▲ "产品销量分析表" 工作簿效果

任务一 计算"工资表"工作簿

月底，公司准备统计每个员工的当月应发工资，并根据计算结果制作工资条，以便员工核对确认，老洪将这个任务交给了米拉。米拉接到任务后，首先了解了公司的薪资结构和计算方法，然后收集了每位员工的基本工资、当月提成、考勤扣款等信息。准备工作完成后，米拉便开始了相关工资数据的计算。本任务的参考效果如图5-1所示。

素材所在位置 素材文件\项目五\工资表.xlsx

效果所在位置 效果文件\项目五\工资表.xlsx

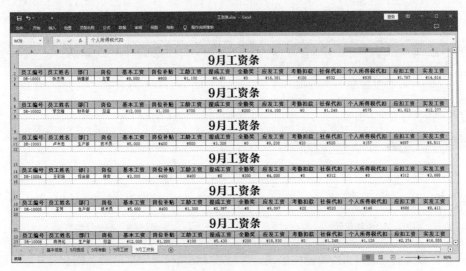

（a）

（b）

图5-1 "工资表"工作簿

一、任务描述

（一）任务背景

工资表又称为工资结算表，是用于核算员工工资的一种表格。工资表一般包括工资汇总表和工资条两部分，工资汇总表用于统计所有员工的工资，包括应发工资、代扣款项和实发工资等部分；工资条是发放给员工的一种凭证，便于员工快速查看工资的详细情况。不同的公司制定的员工工资管理制度不同，其工资项目也有所不同，因此在编辑工资表时，应结合实际情况来计算员工工资。本任务将计算"工资表"工作簿，用到的操作主要有使用公式计算数据，使用SUM、VLOOKUP、IF、IFERROR、MAX、COLUMN等函数计算工资数据，以及生成工资条等。

（二）任务目标

（1）能够使用公式完成加、减、乘、除等简单运算。

（2）能够了解各函数的意义，并使用函数对数据进行特定的运算和处理。

（3）能够根据员工的工作情况和税务规定，计算并生成符合法律要求的工资条。

二、任务实施

（一）使用公式计算数据

公式是指以等号"="开头，运用各种运算符号，引用常量或单元格进行组合形成的表达式，一般用于数据的简单运算，其具体操作如下。

（1）打开"工资表.xlsx"工作簿，选择"基本信息"工作表中的I2单元格，输入制作工资表的日期"2023/9/30"。

（2）选择I3单元格，输入"=（"符号，然后选择I2单元格，引用其中的数据，接着输入运算符"-"，将其作为公式表达式中的部分元素，最后选择F3单元格，并输入"）"符号，如图5-2所示。

（3）在公式后面继续输入"/365"，然后选择公式中的"I2"部分，按【F4】键绝对引用，再按【Ctrl+Enter】键得出计算结果，如图5-3所示。

微课视频

使用公式计算数据

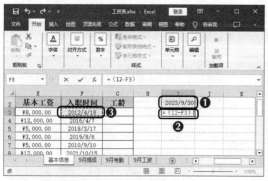

图5-2 引用单元格

图5-3 得出计算结果

（4）将公式填充至I4:I22单元格区域，然后选择I3:I22单元格区域，将公式复制、粘贴到G3:G22单元格区域中。

知识提示　　　　　　　　　　**引用单元格**

　　引用单元格是指通过行号和列标来指定要进行运算的单元格地址。在Excel中，单元格的引用包括相对引用、绝对引用和混合引用3种。其中，相对引用的单元格地址会随着存放计算结果的单元格位置的变化而自动变化；绝对引用的单元格地址行号和列标前都有一个"$"符号，如"$A$1""$E$2"等，表示单元格地址已固定，无论将公式复制到哪里，引用的单元格都不会发生任何变化；混合引用是指公式中引用的单元格具有绝对列和相对行或绝对行和相对列等形式，如绝对引用列"$A1""$B1"，绝对引用行"A$1""B$1"等。在引用的单元格地址中按【F4】键，可以使其在相对引用、绝对引用与混合引用之间来回切换。

　　（5）在G22单元格单击"粘贴选项"按钮右侧的下拉按钮，在打开的下拉列表中选择"值和数字格式"选项，如图5-4所示。

　　（6）按【Ctrl+H】组合键，打开"查找和替换"窗口，在"查找内容"下拉列表框中输入".*"，保持"替换为"下拉列表框中的空白显示，然后单击 全部替换(A) 按钮，如图5-5所示，可以去掉小数点右侧的小数位数，只保留整数部分。

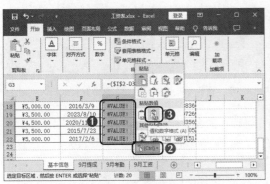

图5-4　选择"值和数字格式"选项　　　　　图5-5　去掉小数位数

　　（7）返回工作表，单击"9月提成"工作表标签，切换至该工作表后，在G3单元格中输入公式"=E3*F3"，按【Enter】键得出计算结果，再将该公式填充至G4:G17单元格区域中，如图5-6所示。

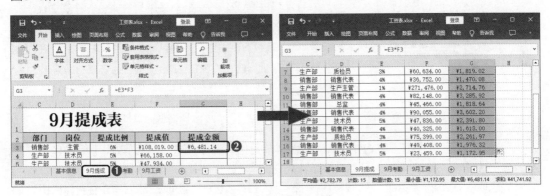

图5-6　输入并填充公式

（二）使用函数计算工资数据

函数是Excel预置的特殊公式，它是一种在需要时直接调用的表达式，能使用一些称为参数的特定数值来按特定的顺序或结构计算数据。当需要计算一些较复杂的数据时，可以借助Excel提供的函数来完成，其具体操作如下。

（1）切换至"9月考勤"工作表，选择I3单元格，在【公式】/【函数库】组中单击"自动求和"按钮 ∑，系统将自动在I3单元格中输入公式"=SUM(G3:H3)"，如图5-7所示。

（2）由于该公式未包含该名员工的所有考勤数据，所以需要手动将参数"G3"修改为"E3"，然后按【Ctrl+Enter】组合键得出计算结果，再将该公式向下填充至I22单元格，计算出其他员工的考勤总扣款额，如图5-8所示。

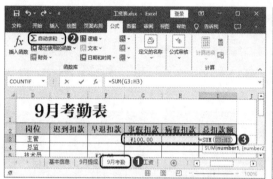

图5-7　插入求和函数

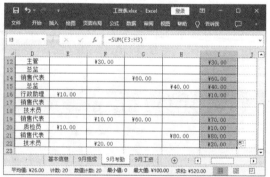

图5-8　更改函数参数并填充公式

（3）选择I3:I22单元格区域，选择【文件】/【选项】命令，打开"Excel 选项"对话框，在左侧单击"高级"选项卡，在右侧的下拉列表中的"此工作表的显示选项"栏中取消选中"在具有零值的单元格中显示零"复选框，然后单击 确定 按钮，如图5-9所示。

（4）返回工作表后，I3:I22单元格区域中的0值将显示为空白，如图5-10所示。

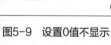

图5-9　设置0值不显示

图5-10　查看效果

（5）切换至"9月工资"工作表，选择E4单元格，在【公式】/【函数库】组中单击"插入函数"按钮 fx，打开"插入函数"对话框，在"或选择类别"下拉列表框中选择"查找与引用"选项，在"选择函数"列表框中选择"VLOOKUP"选项，然后单击 确定 按钮，如图5-11所示。

（6）打开"函数参数"对话框，在"Lookup_value"参数框中输入"A4"，再将文本插入点定位至"Table_array"参数框中，单击其右侧的"收缩"按钮 ↑。

（7）缩小"函数参数"对话框后，单击"基本信息"工作表标签，切换至"基本信息"工作表，在其中选择A1:G22单元格区域，如图5-12所示。

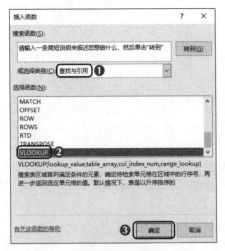

图5-11　选择函数

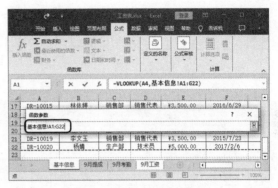

图5-12　引用单元格区域

（8）单击"展开"按钮 展开"函数参数"对话框，然后选择"Table_array"参数框中的"A1:G22"部分，按【F4】键切换为绝对引用，再在"Col_index_num"参数框中输入"5"，在"Range_lookup"参数框中输入"0"，最后单击 确定 按钮，如图5-13所示。

（9）返回工作表后，将E4单元格中的公式向下填充至E23单元格，得到其他员工的基本工资，如图5-14所示。

知识提示

VLOOKUP 函数的使用

　　VLOOKUP函数可以根据指定的条件在单元格或单元格区域中按行查找，并返回符合要求的数据，其语法结构为：VLOOKUP(lookup_value,table_array,col_index_num,range_lookup)。其中，lookup_value 表示要查找的值；table_array表示要查找的区域；col_index_num表示要返回查找区域中第几列中的数据；range_lookup表示精确匹配还是近似匹配，0或FALSE表示精确匹配，1、TRUE或省略表示近似匹配。

　　上述公式"=VLOOKUP(A4,基本信息!$A$1:$G$22,5,0)"表示在"基本信息"工作表的A1:G22单元格区域中查找"9月工资"工作表中A4单元格中员工编号对应的基本工资。

（10）选择F4单元格，在其中输入公式"=IF(D4="总监",1200,IF(D4="主管",800,400))"，按【Ctrl+Enter】组合键得出计算结果，然后将F4单元格中的公式向下填充至E23单元格，计算其他员工的岗位补贴，如图5-15所示。

（11）选择G4单元格，在其中输入公式"=基本信息!G3*100"，按【Ctrl+Enter】组合键得出计算结果，然后将G4单元格中的公式向下填充至G23单元格，计算其他员工的工龄工资，如图5-16所示。

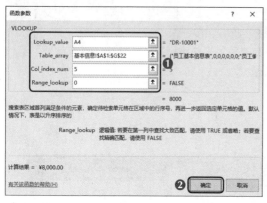

图5-13 设置函数参数

图5-14 填充数据

图5-15 计算岗位补贴

图5-16 计算工龄工资

> **知识提示** **IF 函数的使用**
>
> IF函数可以根据指定的条件判断真假。如果满足条件，则返回一个值；如果条件不满足，则返回另外一个值。其语法结构为：IF(logical_test,value_if_true,value_if_false)。其中，logical_test表示测试条件；value_if_true表示条件成立时要返回的值；value_if_false表示条件不成立时要返回的值。
>
> 上述公式"=IF(D4="总监",1200,IF(D4="主管",800,400))"表示D4单元格的数据为"总监"时，则返回"1200"；D4单元格的数据为"主管"时，则返回"800"；D4单元格的数据为其他时，则返回"400"。

（12）选择H4单元格，在其中输入公式"=IFERROR(VLOOKUP(A4,'9月提成'!$A$1:$G$17,7,0),0)"，按【Ctrl+Enter】组合键得出计算结果，然后将H4单元格中的公式向下填充至H23单元格，计算其他员工的提成工资，如图5-17所示。

（13）选择I4单元格，在其中输入公式"=IF('9月考勤'!I3=0,200,0)"，按【Ctrl+Enter】组合键得出计算结果，然后将I4单元格中的公式向下填充至I23单元格，计算其他员工的全勤奖，如图5-18所示。

（14）选择J4单元格，在其中输入公式"=SUM(E4:I4)"，按【Ctrl+Enter】组合键得出计算结果，然后将J4单元格中的公式向下填充至J23单元格，计算其他员工的应发工资，如图 5-19所示。

（15）选择K4单元格，在其中输入公式"=VLOOKUP(A4,'9月考勤'!$A$2:$I$22,9,0)"，按【Ctrl+Enter】组合键得出计算结果，然后将K4单元格中的公式向下填充至K23单元格，计算其他员工的考勤扣款，如图5-20所示。

图5-17　计算提成工资

图5-18　计算全勤奖

知识提示　　　　　　　**IFERROR 函数的使用**

IFERROR函数用于捕获和处理公式中的错误值，若计算结果为错误值，则返回指定值，否则返回公式计算结果，其语法结构为：IFERROR(value, value_if_error)。其中，value表示是否存在错误的参数，可以是任意值或表达式；value_if_error表示公式计算结果为 #N/A、#VALUE! 、#REF! 、#DIV/0! 、#NUM! 、#NAME? 等错误时要返回的值。

上述公式"=IFERROR(VLOOKUP(A4,'9月提成'!$A$1:$G$17,7,0),0)"表示如果在"9月提成"工作表中的A1:G17单元格区域中找到了A4单元格中员工编号对应的提成工资，则返回计算出的提成工资，如果没有找到，则返回0。

图5-19　计算应发工资

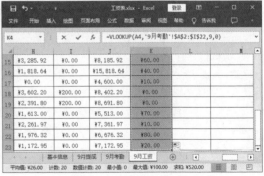

图5-20　计算考勤扣款

（16）选择L4单元格，在其中输入公式"=E4*8%+E4*2%+E4*0.4%"，按【Ctrl+Enter】组合键得出计算结果，然后将L4单元格中的公式向下填充至L23单元格，计算其他员工的社保代扣金额，如图5-21所示。

（17）选择M4单元格，在其中输入公式"=MAX((J4-SUM(K4:L4)-5000)*{3,10,20,25,30,35,45}%-{0,210,1410,2660,4410,7160,15160},0)"，按【Ctrl+Enter】组合键得出计算结

果，然后将M4单元格中的公式向下填充至M23单元格，计算其他员工的个人所得税代扣金额，如图5-22所示。

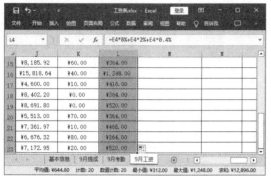

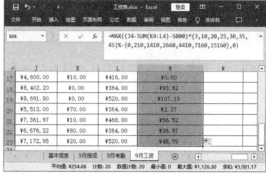

图5-21　计算社保代扣金额　　　　　　　　图5-22　计算个人所得税代扣金额

知识提示　　　　　　　　　　**社保代扣金额计算**

　　　　工资表中的社保代扣金额是指个人需要缴纳的养老保险、医疗保险和失业保险部分。不同地区或公司的缴纳基数和比例有所不同，本任务是按照基本工资来计算的。上述公式"=E4*8%+E4*2%+E4*0.4%"中的"E4"表示社保缴纳基数（基本工资8000），"8%"表示养老保险缴费比例，"2%"表示医疗保险缴费比例，"0.4%"表示失业保险缴费比例。

知识提示　　　　　　　　　　**MAX 函数的使用**

　　　　MAX函数用于返回一组值中的最大值，其语法结构为：MAX(number1, number2,...)。其中，number1是必需参数，而后续数字是可选的，表示要从中查找最大值的1～255个数字。

　　　　上述公式"=MAX((J4-SUM(K4:L4)-5000)*{3,10,20,25,30,35,45}%-{0,210,1410,2660,4410,7160,15160},0)"表示用应发工资减去考勤扣款、社保代扣金额后和起征点"5000"的计算结果与相应税级的税率"{3,10,20,25,30,35,45}%"相乘，乘积结果将保存在内存数组中，再用乘积结果减去税率级数对应的速算扣除数"{0,210,1410,2660,4410,7160,15160}"，得到的结果与"0"比较，返回最大值，最终得到个人所得税。

　　　　缴纳个人所得税是每个公民应尽的义务，只要实发工资大于起征点5000元，都应该按照国家相应的法律法规来缴纳个人所得税。

　　（18）选择N4单元格，在其中输入公式"=SUM(K4:M4)"，按【Ctrl+Enter】组合键得出计算结果，然后将N4单元格中的公式向下填充至N23单元格，计算其他员工的应扣工资，如图 5-23所示。

　　（19）选择O4单元格，在其中输入公式"=J4-N4"，按【Ctrl+Enter】组合键得出计算结果，然后将O4单元格中的公式向下填充至O23单元格，计算其他员工的实发工资，如图5-24所示。

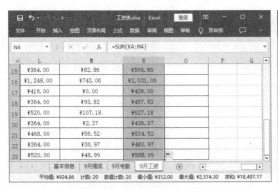

图5-23 计算应扣工资

图5-24 计算实发工资

（三）生成工资条

工资条是公司发放给员工的工资详细情况说明，一般可通过函数来快速生成，其具体操作如下。

（1）在工作表标签区域单击"新工作表"按钮⊕，在"9月工资"工作表后面新建一张工作表，并命名为"9月工资条"。

（2）选择"9月工资"工作表中的A1:O3单元格区域，按【Ctrl+C】组合键复制，再选择"9月工资条"工作表中的A1单元格，在【开始】/【剪贴板】组中单击"粘贴"按钮🗐下方的下拉按钮▾，在打开的下拉列表中选择"保留源列宽"命令，如图5-25所示。

（3）将A1单元格中的"9月员工工资表"文本修改为"9月工资条"文本，再删除第2行，然后为A3:O3单元格区域添加边框，并设置该单元格区域中的文本对齐方式为"居中"。

（4）选择A3单元格，在其中输入"DR-10001"文本，然后选择B3单元格，输入公式"=VLOOKUP($A3,'9月工资'!$A$1:$O$23,COLUMN(B2),0)"，并将该公式向右填充至O3单元格，得到第一位员工的工资数据，如图5-26所示。

图5-25 选择"保留源列宽"命令

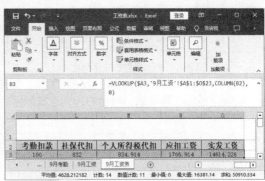

图5-26 引用员工工资数据

（5）选择E3:O3单元格区域，在【开始】/【数字】组中单击右下角的"对话框启动器"按钮⌐，打开"设置单元格格式"对话框，在"数字"选项卡的"分类"栏中选择"货币"选项，在"小数位数"数值微调框中输入"0"，然后单击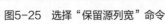按钮，如图5-27所示。

（6）返回工作表后，可看到表中数据的小数已四舍五入为整数了，然后选择A1:O4单元格区域，将其向下填充至O80单元格，得到其他员工的工资数据。

知识提示　　　　　　　　　**COLUMN 函数的使用**

　　COLUMN函数用于返回所选择的某一个单元格的列数，其语法结构为：=COLUMN（reference）。如果省略reference，则默认返回COLUMN函数所在单元格的列数。例如，在A列单元格中输入"=COLUMN()"，则返回"1"；如果输入"=COLUMN(D1)""=COLUMN(D2)"……，则返回"4"，即D列为第4列。

　　上述公式"=VLOOKUP($A3,'9月工资'!$A$1:$O$23,COLUMN(B2),0)"表示在B3单元格中返回在"9月工资"工作表A1:O23单元格区域中查找到的A3单元格员工编号对应的员工姓名。

　　（7）按【Ctrl+H】组合键，打开"查找和替换"窗口，在"替换"选项卡中的"查找内容"下拉列表框中输入"*月工资条"文本，在"替换为"下拉列表框中输入"9月工资条"文本，然后单击 全部替换(A) 按钮，替换该工作表中的月份，并在弹出的提示对话框中单击 确定(O) 按钮，如图5-28所示，最后关闭"查找和替换"窗口。

图5-27　设置单元格格式　　　　　　　　　　　图5-28　替换数据

　　（8）返回工作表后，可查看替换工资条标题后的效果。

任务二　管理"销售额统计表"工作簿

　　为制订下半年的销售计划，销售部从各个门店收集了1~6月的销售数据，但这些数据较混乱，不容易得出有效信息。因此，销售部的同事希望米拉能帮忙整理这些数据，以便为公司的经营决策提供重要参考。本任务的参考效果如图5-29所示。

素材所在位置　素材文件＼项目五＼销售额统计表.xlsx
效果所在位置　效果文件＼项目五＼销售额统计表.xlsx

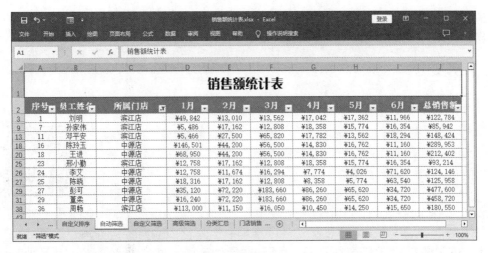

（a）

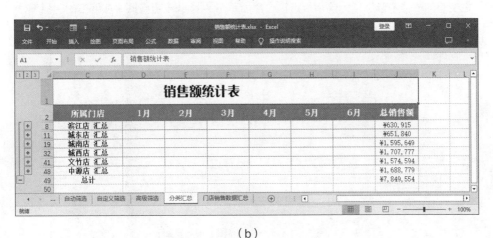

（b）

图 5-29 "销售额统计表"工作簿

一、任务描述

（一）任务背景

销售额统计表是一种用于记录和分析某个时间段内销售额情况的表格，它可以帮助企业对销售业绩进行全面的分析和监控。通过分析不同维度的数据，可以了解产品或服务的销售情况、客户群体特征、销售员业绩等方面的信息，从而制定针对性的销售策略，提高销售效率和收益。在制作销售额统计表时，需要注意数据的准确性、格式选择、最新数字归档等问题，从而构建合理的表格。本任务将管理"销售额统计表"工作簿，用到的操作主要有使用记录单输入数据、数据排序、数据筛选、分类汇总、定位选择与分列显示数据等。

（二）任务目标

（1）能够使用记录单快速而准确地输入数据。

（2）能够通过排序、筛选和分类汇总对大量的数据进行整理和分析，提取出有用的信息并形成清晰的结构。

（3）能够根据特定的选择条件和需求，从原始数据中提取相关信息，并以分列显示的方式呈现出来。

二、任务实施

（一）使用记录单输入数据

微课视频

使用记录单输入数据

记录单是一种结构化的表格形式，可以极大地简化数据输入和管理的过程。如果数据表比较庞大、数据记录条数较多，那么使用记录单输入数据特别方便，其具体操作如下。

（1）打开"销售额统计表.xlsx"工作簿，选择【文件】/【选项】命令，打开"Excel 选项"对话框，在左侧单击"快速访问工具栏"选项卡，在右侧的"从下列位置选择命令"下拉列表框中选择"不在功能区中的命令"选项，在"自定义快速访问工具栏"下拉列表框中选择"用于'销售额统计表.xlsx'"选项，在"从下列位置选择命令"栏中的列表框中选择"记录单"选项，然后单击 添加(A) >> 按钮将其添加到右侧的列表框中，再单击 确定 按钮，如图5-30所示。

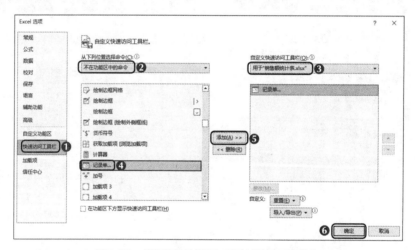

图5-30　将记录单按钮添加到快速访问工具栏中

（2）返回工作表，选择A2:I2单元格区域，然后在快速访问工具栏中查看并单击添加的"记录单"按钮，并在打开的提示对话框中单击 确定(O) 按钮，如图5-31所示。

（3）打开"Sheet1"对话框，在各个文本框中输入相应的内容，然后单击 新建(W) 按钮，如图5-32所示，继续在各个文本框中输入相应的内容。

（4）反复执行步骤（3）操作，直至完成记录的添加，然后单击 关闭(L) 按钮，关闭该对话框。

（5）返回工作表，在J3:J42单元格区域中使用SUM函数计算1～6月的销售总额。

知识提示　　　　　　　　　　　查找与删除记录

在记录单对话框中单击 条件(C) 按钮，在打开的对话框的各文本框中输入需要查找的记录的关键字，按【Enter】键后，系统将自动查找符合条件的记录并显示，此时单击 删除(D) 按钮，即可删除查找到的记录。

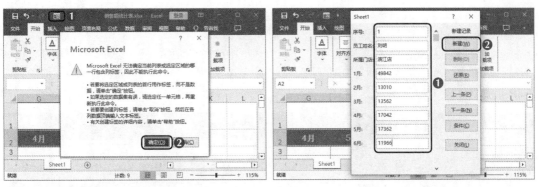

图5-31 启动记录单功能　　　　　　　　图5-32 输入内容

（二）数据排序

微课视频

数据排序

在Excel中，数据排序是指根据存储在表格中数据的类型，将其按照一定的方式重新排列。数据排序有助于用户快速、直观地查看数据、理解数据，以及组织并查找所需数据，其具体操作如下。

（1）选择C列"所属门店"字段中的任意一个单元格，在【数据】/【排序和筛选】组中单击"升序"按钮，如图5-33所示。

（2）C3:C42单元格区域中的数据将按门店名称首字母的先后顺序进行排列，且其他与之对应的数据也将自动排序，如图5-34所示。

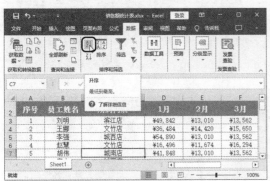

图5-33 单击"升序"按钮

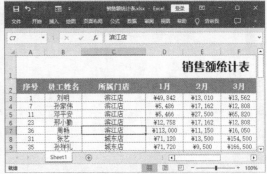

图5-34 自动排序

多学一招　　　　　　　**汉字按笔画顺序排列**

排序中文姓名时，Excel默认按照姓氏拼音首字母在26个英文字母中的顺序进行排列，而对于相同的姓，则依次按照姓名中第2个字拼音的首字母进行排列，以此类推。在【数据】/【排序和筛选】组中单击"排序"按钮，打开"排序"对话框，在其中单击 选项(O)... 按钮，打开"排序选项"对话框，选中"笔划排序"单选项，再单击 确定 按钮，便可使单元格中的中文字符按照笔画顺序进行排列，相同笔画的则按横、竖、撇、捺、折的起笔顺序进行排列。

（3）将"Sheet1"工作表重命名为"自动排序"，然后按住【Ctrl】键，将"自动排序"工作表标签水平向右移动，以达到复制工作表的目的，如图5-35所示。

（4）将复制的工作表重命名为"自定义排序"，然后将A3:A42单元格区域中的序号升序排列，再在【数据】/【排序和筛选】组中单击"排序"按钮。

（5）打开"排序"对话框，在"列"下拉列表框中选择"所属门店"选项，在"排序依据"下拉列表框中选择"单元格值"选项，在"次序"下拉列表框中选择"自定义序列"选项，如图5-36所示。

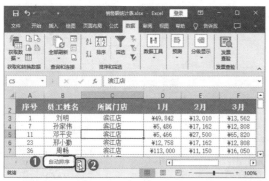

图5-35　复制工作表

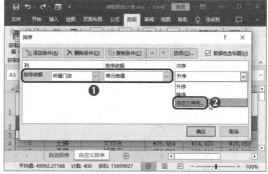

图5-36　选择"自定义序列"选项

（6）打开"自定义序列"对话框，在"输入序列"列表框中依次输入"城东店""城西店""城南店""滨江店""文竹店""中源店"文本，然后单击 添加(A) 按钮，将输入的序列添加到左侧的"自定义序列"列表框中，最后单击 确定 按钮，如图5-37所示。

（7）返回"排序"对话框，单击 添加条件(A) 按钮，在"次要关键字"下拉列表框中选择"总销售额"选项，在"排序依据"下拉列表框中选择"单元格值"选项，在"次序"下拉列表框中选择"降序"选项，然后单击 确定 按钮，如图5-38所示。

图5-37　自定义序列

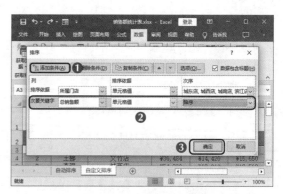

图5-38　按多个关键字排序

（8）返回工作表，可看到C3:C42单元格区域中的门店将按照自定义的序列进行排序，当门店相同时，则按照总销售额从高到低进行排序。

（三）数据筛选

当需要在包含大量数据的表格中查看具有特定条件的数据时，逐条查找不仅费时，而且容易遗漏，此时可以使用数据筛选功能快速将符合条件的数据筛选并显示出来，其具体操作如下。

（1）复制"自定义排序"工作表，并将其重命名为"自动筛选"，然后将A3:A42单元格区域中的序号升序排列。

微课视频

数据筛选

（2）选择数据区域中的任意一个单元格，在【数据】/【排序和筛选】组中单击"筛选"按钮▼，进入筛选状态，此时列标题中的各单元格右下角将显示"筛选"按钮▾。

（3）单击"所属门店"单元格右下角的"筛选"按钮▾，在打开的下拉列表取消选中"全选"复选框，再选中"滨江店"和"中源店"复选框，然后单击 确定 按钮，如图5-39所示。

（4）返回工作表后，可看到筛选出的"滨江店"和"中源店"的相关信息，其他所属门店的数据将被隐藏，如图5-40所示。

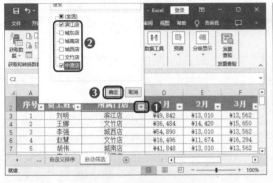

图5-39 设置筛选条件

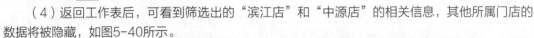

图5-40 查看自动筛选结果

（5）复制"自动筛选"工作表，并将其重命名为"自定义筛选"，然后单击"所属门店"单元格右下角的"筛选"按钮▼，在打开的下拉列表中选择"从'所属门店'中清除筛选器"选项，如图5-41所示。

（6）单击"总销售额"单元格右下角的"筛选"按钮▾，在打开的下拉列表中选择"数字筛选"选项，在打开的子列表中选择"自定义筛选"选项，如图5-42所示。

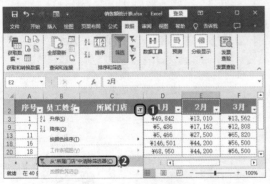

图5-41 清除筛选结果

图5-42 选择"自定义筛选"选项

（7）打开"自定义自动筛选"对话框，在第一排的第一个下拉列表框中选择"大于"选项，在其右侧的下拉列表框中输入"150000"，在第二排的第一个下拉列表框中选择"小于"选项，在其右侧的下拉列表框中输入"300000"，然后单击 确定 按钮，如图5-43所示。

（8）返回工作表后，可看到总销售额在150000～300000元的数据，其他数据将被隐藏，如图5-44所示。

图5-43　设置自定义筛选条件

图5-44　查看自定义筛选结果

（9）复制"自定义筛选"工作表，并将其重命名为"高级筛选"，然后在【数据】/【排序和筛选】组中单击"筛选"按钮▼，退出筛选状态。

（10）在A45单元格中输入"所属门店"文本，在B45单元格中输入"总销售额"文本，在A46单元格中输入"城西店"文本，在B46单元格中输入"＞100000"文本，然后在【数据】/【排序和筛选】组中单击"高级"按钮▼。

（11）打开"高级筛选"对话框，在"方式"栏中选中"将筛选结果复制到其他位置"单选项，在"列表区域"参数框中输入"$A$2:$J$42"，在"条件区域"参数框中输入"$A$45:$B$46"，在"复制到"参数框中输入"$A$47"，然后单击　确定　按钮，如图5-45所示。

（12）返回工作表后，可在A47:J55单元格区域中查看高级筛选结果，如图5-46所示。

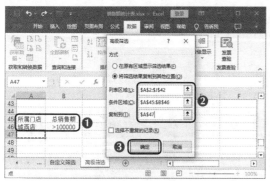

图5-45　设置高级筛选条件

图5-46　查看高级筛选结果

（四）分类汇总

Excel的数据分类汇总功能可以将性质相同的数据汇总到一起，使表格的结构清晰，从而帮助用户更好地掌握表格中的重要信息，其具体操作如下。

（1）复制"高级筛选"工作表，并将其重命名为"分类汇总"，然后将高级筛选的条件区域和筛选结果删除。

（2）选择C列"所属门店"字段中的任意单元格，在【数据】/【排序和筛选】组中单击"升序"按钮↓↑。

（3）在【数据】/【分级显示】组中单击"分类汇总"按钮▦，打开"分类汇总"对话框，

微课视频

分类汇总

在"分类字段"下拉列表框中选择"所属门店"选项,在"汇总方式"下拉列表框中选择"求和"选项,在"选定汇总项"列表框中仅选中"总销售额"复选框,然后单击 确定 按钮,如图5-47所示。

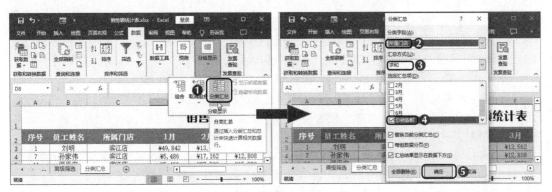

图5-47 分类汇总

> **知识提示** **分类汇总**
>
> 分类汇总实际上就是分类加汇总,其操作过程是先用排序功能对数据进行分类排序,再按照分类进行汇总。如果没有进行分类排序,汇总的结果就没有意义。所以,在汇总之前,应先对数据进行分类排序,且分类排序的条件最好是需要汇总的相关字段,这样汇总结果才会更加清晰。

(4)返回工作表后,可看到Excel将对相同"所属门店"的"总销售额"数据进行求和计算,其结果显示在相应的科目数据下方,如图5-48所示。

(5)单击分类汇总后的工作表编辑区左上角的 2 按钮,在工作表中将显示分类汇总后各项目的汇总项,如图5-49所示。

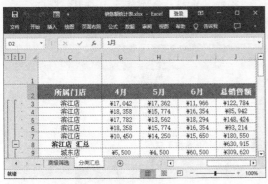

图5-48 分类汇总结果

图5-49 分级显示分类汇总数据

> **多学一招** **删除分类汇总**
>
> 打开已经进行分类汇总的工作表,在表中选择任意单元格,然后在【数据】/【分级显示】组中单击"分类汇总"按钮,打开"分类汇总"对话框,直接单击 全部删除(R) 按钮即可删除表格中已经创建的分类汇总结果。

（五）定位选择与分列显示数据

若需要在工作表中选择多个具有相同条件但不连续的单元格，可利用定位选择功能迅速查找所需单元格；若需要将一列数据分开保存到两列中，可将数据分列显示，其具体操作如下。

（1）在工作表标签区域单击"新工作表"按钮⊕，在"分类汇总"工作表后面新建一张工作表，并将其命名为"门店销售数据汇总"。

（2）合并A1:B1单元格区域，在其中输入"门店销售数据汇总"文本，并设置字体格式为"方正粗倩_GBK、18"，然后在A2单元格中输入"所属门店"文本，在B2单元格中输入"总销售额"文本，接着设置字体格式为"方正精品楷体简体、12、加粗"，对齐方式为"垂直居中"和"居中"，填充颜色为"浅灰色，背景2"。

（3）在"分类汇总"工作表中选择C8:J49单元格区域，然后在【开始】/【编辑】组中单击"查找和选择"按钮，在打开的下拉列表中选择"定位条件"选项，如图5-50所示。

（4）打开"定位条件"对话框，选中"可见单元格"单选项后，单击 确定 按钮，如图5-51所示。

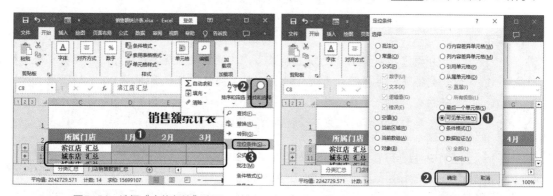

图5-50 选择"定位条件"选项　　　　图5-51 选中"可见单元格"单选项

（5）保持可见单元格的选择状态，按【Ctrl+C】组合键复制，再选择"门店销售数据汇总"工作表中的A3单元格，按【Ctrl+V】组合键粘贴，如图5-52所示。

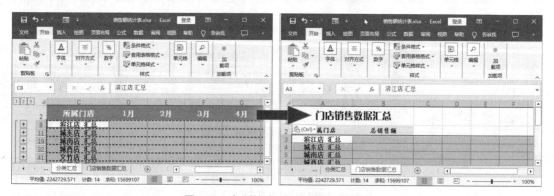

图5-52 复制粘贴可见单元格中的数据

（6）选择A3:A9单元格区域，在【数据】/【数据工具】组中单击"分列"按钮，打开"文本分列向导-第1步，共3步"对话框，保持默认设置，单击 下一步(N) 按钮，如图5-53所示。

（7）打开"文本分列向导-第2步，共3步"对话框，在"分隔符号"栏中选中"空格"复选框，然后单击 下一步(N) 按钮，如图5-54所示。

（8）打开"文本分列向导 – 第 3 步，共 3 步"对话框，保持默认设置，单击 完成(F) 按钮，如图5-55所示。

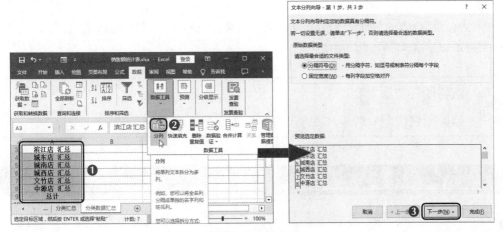

图5-53　确认数据类型

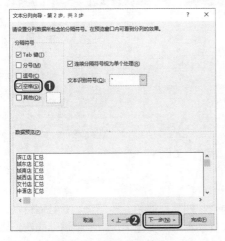

图5-54　确认分隔符号

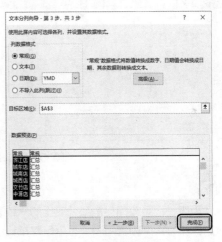

图5-55　完成分列设置

（9）在打开的提示对话框中单击 确定(O) 按钮，确认替换数据，如图5-56所示。

（10）返回工作表，删除B3:G9单元格区域，如图5-57所示。

图5-56　确认替换数据

图5-57　删除单元格区域

实训一　计算"办公费用表"工作簿

【实训要求】

制作办公费用表能更好地管理预算、控制费用、评估资源分配，并为公司决策提供支持。本实训制作完成后的效果如图5-58所示。

素材所在位置　素材文件\项目五\办公费用表.xlsx

效果所在位置　效果文件\项目五\办公费用表.xlsx

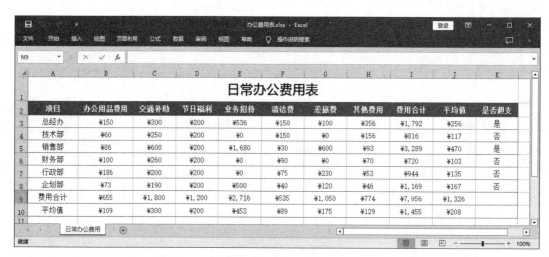

图5-58　"办公费用表"工作簿

【实训思路】

办公费用表是记录公司日常办公支出的一种表格，如节日福利、通信费、业务招待费、差旅费等。通过制作和分析办公费用表，可以跟踪和记录各项费用的支出情况，提供清晰的费用概览，并为预算管理、费用控制、资源分配等提供基础数据。此外，办公费用表还可以用于生成财务报告、进行财务分析和审计，并支持管理层的决策制定。一个合格的费用明细表应该包含公司要求的所有核算项目，并在不违反公司规则的前提下做到透明公正、灵活运用，具体情况具体分析。

【步骤提示】

要完成本实训，需要先打开素材工作簿，然后使用公式或函数计算表格中的数据，再设置数据的数字格式。具体步骤如下。

（1）打开"办公费用表.xlsx"工作簿，使用SUM、AVERAGE、IF函数计算表格中的数据，再将公式填充至相应的单元格区域中。

（2）以货币形式展示B3:J10单元格区域中的数据，再设置小数位数为0。

（3）将"Sheet1"工作表重命名为"日常办公费用"，然后为该工作表标签添加黄色的标签颜色。

实训二 管理"产品销量分析表"工作簿

【实训要求】

当企业需要了解各个产品的销售情况、比较不同产品的销售表现、识别热销产品和滞销产品时，就需要制作产品销量分析表，从而根据数据制定相应的销售策略。本实训制作完成后的效果如图5-59所示。

 素材所在位置 素材文件\项目五\产品销量分析表.xlsx
效果所在位置 效果文件\项目五\产品销量分析表.xlsx

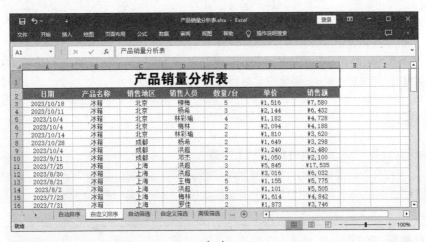

（a）

（b）

图5-59 "产品销量分析表"工作簿

【实训思路】

产品销量分析表是一种用于跟踪和分析产品销售情况的表格，通过产品销量分析表，企业可以更好地了解产品销售情况，识别销售趋势、热门产品和滞销产品，并基于这些信息调整市场策略、设定销售目标等决策。制作产品销量分析表时，要注意根据实际情况和目标确定时间段，并确保所选时间段数据的准确性和完整性。还要及时更新数据和信息，根据需要进行调整和优化，使分析结果更准确、实用。

【步骤提示】

要完成本实训，需要先打开素材工作簿，然后复制多张工作表，并在相应的工作表中完成对应的操作。具体步骤如下。

（1）打开"产品销量分析表.xlsx"工作簿，将"Sheet1"工作表重命名为"自动排序"，然后复制该工作表5次，再重命名复制的各张工作表。

（2）在"自动排序"工作表中根据销售人员进行升序排列；在"自定义排序"工作表中根据产品名称进行升序排列，并在此基础上自定义销售地区的序列。

（3）在"自动筛选"工作表中筛选出销售数量为"5"的记录；在"自定义筛选"工作表中筛选出销售额大于8000元的记录；在"高级筛选"工作表中筛选出产品名称为"打印机"、销售地区为"成都"、销售额大于5000元的记录。

（4）在"产品销量汇总"工作表中按销售地区汇总销售额，并在此基础上按产品名称汇总该地区各产品的总计销售额，最后3级显示汇总数据。

课后练习

练习1：编辑并计算"员工绩效考核表"工作簿

本练习要求打开素材文件中的"员工绩效考核表.xlsx"工作簿，在其中输入员工考核成绩后，使用函数计算总分和排名，再突出显示总分列中的数据。参考效果如图5-60所示。

素材所在位置 素材文件＼项目五＼员工绩效考核表.xlsx、员工绩效考核表.txt

效果所在位置 效果文件＼项目五＼员工绩效考核表.xlsx

图5-60 "员工绩效考核表"工作簿

操作要求如下。

- 打开"员工绩效考核表.xlsx"工作簿，在该工作簿的快速访问工具栏中添加"记录单"按钮 ，再使用记录单输入"员工绩效考核表.txt"文本文档中的数据。
- 确认数据无误后，使用SUM函数计算总分，再使用RANK函数对总分进行排名。
- 将排名进行升序排列，再为总分列添加数据条的条件格式。

练习2：管理"业绩提成表"工作簿

本练习要求打开素材文件中的"业绩提成表.xlsx"工作簿，计算数据后，筛选和分类汇总数据。参考效果如图5-61所示。

素材所在位置 素材文件\项目五\业绩提成表.xlsx

效果所在位置 效果文件\项目五\业绩提成表.xlsx

图5-61 "业绩提成表"工作簿

操作要求如下。

- 打开"业绩提成表.xlsx"工作簿，使用公式计算完成率和提成金额，再使用函数判断制定的业绩目标是否完成。
- 在工作表的空白区域筛选出销售总额大于200000元、完成率在95%以上的记录，再统计出各部门的销售总额和提成金额，最后2级显示汇总数据。
- 重命名"Sheet1"工作表为"业绩提成表"，再新建"业绩汇总"工作表，将2级显示的汇总数据分列显示在该工作表中。

高效办公——使用EXCEL必备工具箱计算财务数据

EXCEL必备工具箱是一个同时支持Office和WPS的插件，绝大部分操作执行后可撤销。它提供了密码去除、阴阳历转换、将选区存储为图片、工作表排序及生成目录、穿透查询等众多功能。针对财务人员，EXCEL必备工具箱还提供个人所得税、未确认融资费用、按揭贷款/一般贷款利息、各种复利、实际利率法摊销、自动生成分析文档、财务比例计算等实用功能，其内容如图5-62所示。下面以使用EXCEL必备工具箱生成工资条为例，介绍EXCEL必备工具箱的使用方法。

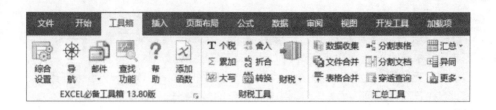

（a）

（b）

图5-62 "工具箱"选项卡

1. 生成工资条

选择需要生成工资条的单元格区域后，在【工具箱】/【财税工具】组中单击"财税"按钮 ，在打开的下拉列表中选择"生成工资条"选项，打开"生成工资条"对话框，在其中设置生成范围后，单击 生成工资条(C) 按钮，便可按照需要生成工资条，如图5-63所示。

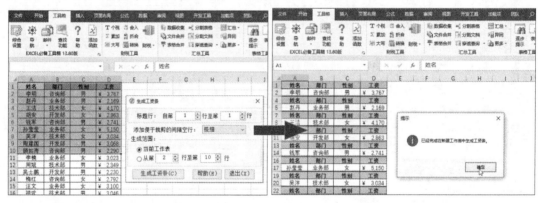

图5-63 生成工资条

2. 批量操作

在制作表格时，通常需要进行一些重复操作，此时可在【工具箱】/【批量工具】组中单击"批量"按钮 ，在打开的下拉列表中选择需要执行的操作，如"批量文档版本转换""批量修改文件名"等，如图5-64所示。

图5-64 批量操作

项目六

Excel 图表分析

情景导入

虽然通过数据排序、数据筛选、数据分类汇总等方式可以简单分析数据，但这并不能直观地反映数据的整体情况、趋势及不同变量间的关系。因此，米拉需要在老洪的指导下进一步学习使用图表分析数据的方法，通过适当的图表类型强调和呈现不同的数据信息，从而帮助管理层做出更加准确的决策和预测。

学习目标

- 掌握使用图表分析数据的方法。
  掌握使用迷你图查看数据、创建并美化图表、添加趋势线等操作。
- 掌握使用数据透视表和数据透视图分析数据的方法。
  掌握创建并编辑数据透视表、创建并编辑数据透视图、通过数据透视图筛选数据等操作。

素质目标

- 把握数据采集的有效性及准确性，能用图表准确、直观、形象地反映事物变化的规律。
- 通过数据可视化探索数据背后的模式、趋势和关联性，帮助用户从庞大的数据中提取有用信息。

案例展示

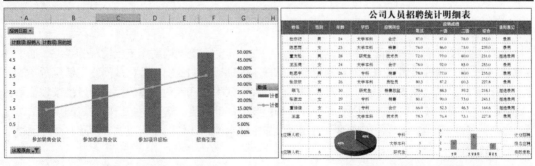

▲ "差旅费用明细表"工作簿效果　　　　　▲ "招聘统计表"工作簿效果

任务一　分析"部门费用支出表"工作簿

　　为了解公司各部门的费用支出情况，老洪要求米拉统计销售部、生产部、开发部、设计部、行政部5个部门1月~8月的支出总额，然后用图表展示各部门间的费用差异及费用支出趋势，从而根据分析结果提供相应的建议和改进措施，进而优化资源配置，推动公司的可持续发展。本任务的参考效果如图6-1所示。

素材所在位置　素材文件\项目六\部门费用支出表.xlsx
效果所在位置　效果文件\项目六\部门费用支出表.xlsx

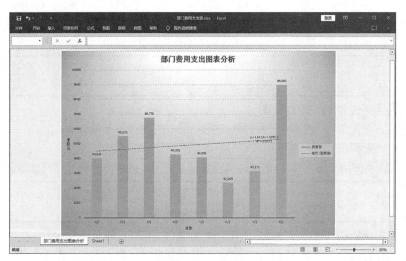

图6-1　"部门费用支出表"工作簿

一、任务描述

（一）任务背景

　　部门费用支出表是一种记录和总结公司各部门在特定时间范围内费用支出情况的表格。通过部门费用支出表，管理者可以清楚地看到每个部门在不同项目上的支出金额，从而发现费用分布的差异、识别费用异常或超支的部门，以及评估部门的经营效率和资源利用情况等。通过持续地更新和分析部门费用支出表，管理者可以更好地管理和控制公司的开支，实现财务目标和战略规划。本任务将分析"部门费用支出表"工作簿，用到的操作主要有使用迷你图查看数据、创建并美化图表、添加趋势线等。

（二）任务目标

　　（1）能够在有限的空间内，通过迷你图同时展示多组数据的变化趋势。
　　（2）能够根据原始数据创建需要的图表。
　　（3）能够精简图表中不必要或冗杂的元素，保持整体的简洁性和清晰性，使重要的信息更加突出。

二、任务实施

（一）使用迷你图查看数据

迷你图是一种存在于单元格中的小型图，可以在不占用太多空间的情况下，展示关键数据的变化趋势，使用户能够快速获取关键信息。使用迷你图查看数据的具体操作如下。

（1）打开"部门费用支出表.xlsx"工作簿，选择K2单元格，在其中输入"迷你图"文本，然后选择K3:K7单元格区域，在【插入】/【迷你图】组中单击"折线"按钮，如图6-2所示。

（2）打开"创建迷你图"对话框，在"数据范围"参数框中输入"B3:I7"，然后单击 确定 按钮，如图6-3所示。

图6-2　单击"折线"按钮

图6-3　设置数据范围

（3）返回工作表，保持K3:K7单元格区域的选择状态，在【迷你图】/【显示】组中选中"高点"和"低点"复选框，如图6-4所示。

（4）在【迷你图】/【样式】组中单击"迷你图颜色"按钮右侧的下拉按钮，在打开的下拉列表中选择"绿色"选项，如图6-5所示。

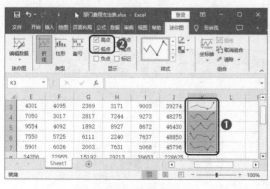

图6-4　显示高点和低点

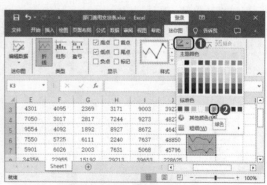

图6-5　设置迷你图颜色

（5）在【迷你图】/【样式】组中单击"迷你图颜色"按钮右侧的下拉按钮，在打开的下拉列表中选择"粗细"选项，在打开的子列表中选择"1.5磅"选项，如图6-6所示。

（6）在【迷你图】/【样式】组中单击"标记颜色"按钮右侧的下拉按钮，在打开的下拉列表中选择"低点"选项，在打开的子列表中选择"紫色"选项，如图6-7所示。

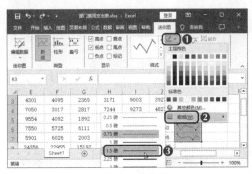

图6-6　设置迷你图线条粗细　　　　　　　　　图6-7　设置迷你图低点颜色

多学一招　　　　　　　　　**编辑迷你图的存放位置和数据源**

在【迷你图】/【迷你图】组中单击"编辑数据"按钮下方的下拉按钮，在打开的下拉列表中选择"编辑组位置和数据"选项，可编辑迷你图的存放位置与数据源；选择"编辑单个迷你图的数据"选项，可编辑单个迷你图的源数据区域。

（二）创建并美化图表

Excel提供了多种图表类型，不同图表类型的使用目的各不相同。例如，柱形图常用于显示多个项目之间的数据对比情况；折线图常用于显示数据随时间、类别或其他连续变量变化的趋势等。用户可根据实际需要创建图表，并对其进行编辑和美化，其具体操作如下。

微课视频

创建并美化图表

（1）选择A2:I7单元格区域，在【插入】/【图表】组中单击"插入柱形图或条形图"按钮右侧的下拉按钮，在打开的下拉列表中选择"三维簇状柱形图"选项，如图6-8所示。

（2）当前工作表中将创建一个三维簇状柱形图，且图中显示各部门每月的支出情况。将鼠标指针移动到某一个数据系列上，可以查看该数据系列对应的部门在该月的支出金额，如图6-9所示。

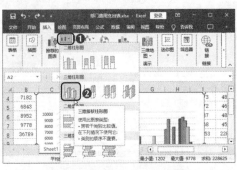　　　　　　　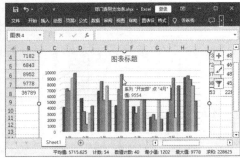

图6-8　选择图表类型　　　　　　　　　　　图6-9　查看数据系列

（3）在【图表设计】/【位置】组中单击"移动图表"按钮，打开"移动图表"对话框，选中"新工作表"单选项，并在右侧的文本框中输入"部门费用支出图表分析"文本，然后单击 确定 按钮，如图6-10所示。

多学一招 | 通过"插入图表"对话框创建图表

在【插入】/【图表】组中单击右下角的"对话框启动器"按钮⎚，打开"插入图表"对话框，"所有图表"选项卡中显示了Excel提供的全部图表类型，选择任意选项并单击 确定 按钮，即可创建该类型的图表。

（4）此时图表将移动到新工作表中，同时图表将自动调整为适合工作表区域的大小，然后选择图表，在【图表设计】/【图表样式】组中单击"快速样式"按钮，在打开的下拉列表中选择"样式3"选项，如图6-11所示。

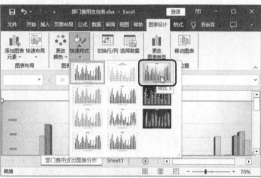

图6-10　移动图表　　　　　　　　　　图6-11　更改图表样式

（5）在【图表设计】/【图表布局】组中单击"快速布局"按钮下方的下拉按钮，在打开的下拉列表中选择"布局1"选项，如图6-12所示。

（6）修改图表标题为"部门费用支出图表分析"，然后在【开始】/【字体】组中设置字体格式为"方正黑体简体""20""加粗""深红"。

（7）选择图表，在【图表设计】/【图表布局】组中单击"添加图表元素"按钮下方的下拉按钮，在打开的下拉列表中选择"数据标签"选项，在打开的子列表中选择"其他数据标签选项"选项，如图6-13所示。

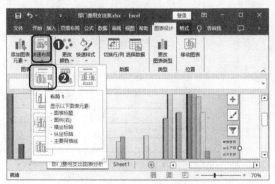

图6-12　更改图表布局　　　　　　　图6-13　选择"其他数据标签选项"选项

（8）打开"设置数据标签格式"任务窗格，在"数字"栏中的"类别"下拉列表框中选择"货币"选项，在"小数位数"文本框中输入"0"，如图6-14所示。

（9）使用同样的方法为其他数据系列的数据标签添加货币符号，然后关闭"设置数据标签格式"任务窗格。

（10）选择图表，在【图表设计】/【图表布局】组中单击"添加图表元素"按钮下方的下拉按钮，在打开的下拉列表中选择"坐标轴标题"选项，在打开的子列表中选择"主要横坐标轴"选项，如图6-15所示。

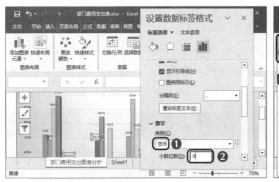

图6-14　设置数据标签格式　　　　　　　　　图6-15　选择"主要横坐标轴"选项

多学一招　　　　　　　　　　**快速设置图表的方法**

插入图表后，图表右侧会显示"图表元素"按钮、"图表样式"按钮和"图表筛选器"按钮，通过这3个按钮可快速增加、修改和删除图表元素，编辑图表样式和颜色，编辑图表数据点和名称等。

（11）将添加的"坐标轴标题"文本框中的文本修改为"月份"，然后使用同样的方法添加主要纵坐标轴，并修改文本为"单位/元"。

（12）选择主要纵坐标轴，单击鼠标右键，在弹出的快捷菜单中选择"设置坐标轴标题格式"命令，打开"设置坐标轴标题格式"任务窗格，单击"大小与属性"按钮，在"文字方向"下拉列表框中选择"竖排"选项，如图6-16所示。

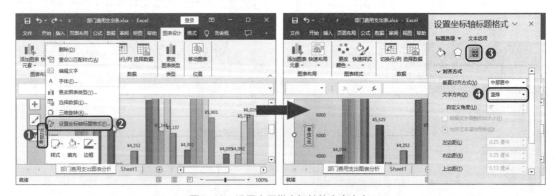

图6-16　设置主要纵坐标轴的文字方向

多学一招　　　　　　　　　　**设置图表组成元素格式**

在图表中的绘图区、图表区等元素上单击鼠标右键，在弹出的快捷菜单中选择对应的命令，可打开与各元素对应的任务窗格，在其中设置元素格式的方法与设置坐标轴标题格式的方法类似。

（三）添加趋势线

趋势线是在图表中绘制的一条线段，用于显示数据的趋势或模式。通过绘制趋势线，用户可以观察数据的整体走势，并预测未来的发展趋势，其具体操作如下。

微课视频

添加趋势线

（1）选择图表，在【图表设计】/【数据】组中单击"选择数据"按钮，打开"选择数据源"对话框，在"图表数据区域"参数框中输入"=Sheet1!$A$2:$I$3"后，单击 确定 按钮，如图6-17所示。

（2）由于三维图形无法添加趋势线，因此需要在【图表设计】/【类型】组中单击"更改图表类型"按钮，打开"更改图表类型"对话框，在"所有图表"选项卡中选择"簇状柱形图"选项，如图6-18所示。

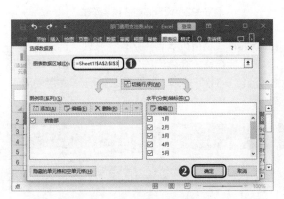

图6-17　更改图表数据区域

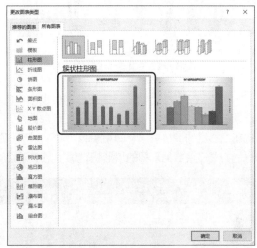

图6-18　更改图表类型

（3）选择图表，在【图表设计】/【图表布局】组中单击"添加图表元素"按钮下方的下拉按钮，在打开的下拉列表中选择"趋势线"选项，在打开的子列表中选择"线性"选项，如图6-19所示。

（4）选择趋势线，单击鼠标右键，在弹出的快捷菜单中选择"设置趋势线格式"命令，打开"设置趋势线格式"任务窗格，在"趋势预测"栏中选中"显示公式"和"显示 R 平方值"复选框，如图6-20所示。

图6-19　选择"线性"选项

图6-20　设置趋势线格式

（5）保持趋势线的选择状态，在【格式】/【形状样式】组中单击"形状轮廓"按钮▱右侧的下拉按钮⌄，在打开的下拉列表中选择"红色"选项，如图6-21所示。

（6）再次在【格式】/【形状样式】组中单击"形状轮廓"按钮▱右侧的下拉按钮⌄，在打开的下拉列表中选择"虚线"选项，在打开的子列表中选择"方点"选项，如图6-22所示。

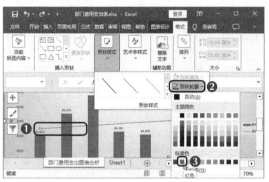

图6-21　设置趋势线颜色　　　　　　　　　　图6-22　设置趋势线线条样式

（7）在【格式】/【当前所选内容】组中的"图表元素"下拉列表框中选择"系列'销售部'"选项，全选所有数据系列，然后在任意数据系列上单击鼠标右键，在弹出的快捷菜单中单击"填充"按钮▱右侧的下拉按钮⌄，再选择"绿色，个性色6，淡色40%"选项，如图6-23所示。然后使用同样的方式设置数据系列的"形状轮廓"为"无轮廓"。

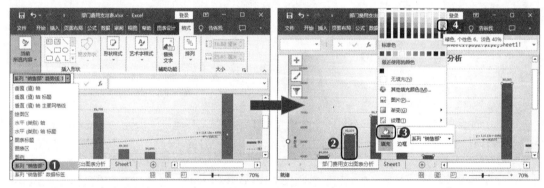

图6-23　设置数据系列颜色

任务二　分析"差旅费用明细表"工作簿

9月，公司报销了很多凭证，其中差旅费用占比较大。为了解差旅费用的具体情况和占比较大的原因，老洪要求米拉使用数据透视图表进行分析，并将分析结果和建议整理成报告，向管理层进行汇报和沟通。本任务的参考效果如图6-24所示。

素材所在位置　素材文件＼项目六＼差旅费用明细表.xlsx

效果所在位置　效果文件＼项目六＼差旅费用明细表.xlsx

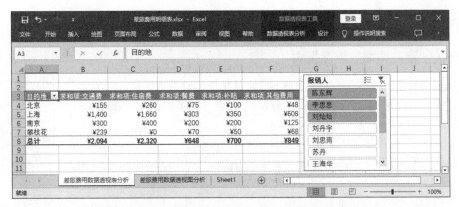

（a）

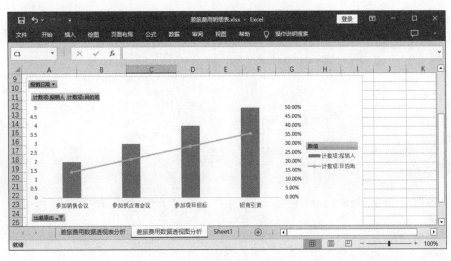

（b）

图6-24 "差旅费用明细表"工作簿

一、任务描述

（一）任务背景

　　差旅费用明细表是一种用于记录和总结员工出差期间各项费用支出的表格，通常包括报销人、出差原因、出差地点、交通费用、住宿费用、餐饮费用和其他费用等项目。通过差旅费用明细表，公司可以更好地跟踪和管理员工的差旅费用，并针对不同费用项目进行分析和优化。此外，它还可以作为审计和财务核对的依据，确保费用支出的准确性和合规性。本任务将分析"差旅费用明细表"工作簿，用到的操作主要有创建并编辑数据透视表、创建并编辑数据透视图、通过数据透视图筛选数据等。

（二）任务目标

　　（1）能够根据数据源创建需要的数据透视表和数据透视图。
　　（2）能够美化数据透视图表，使其具有良好的结构和层次感，更具吸引力和可操作性。
　　（3）能够正确分析数据透视图中的数据，并根据需要筛选数据。

二、任务实施

（一）创建并编辑数据透视表

微课视频

创建并编辑数据
透视表

数据透视表是一种可以查询并快速汇总大量数据的交互式工具，使用数据透视表，可以深入分析数值数据，并及时发现一些预料之外的数据问题，其具体操作如下。

（1）打开"差旅费用明细表.xlsx"工作簿，选择A2:M22单元格区域，然后在【插入】/【表格】组中单击"数据透视表"按钮，如图6-25所示。

（2）打开"来自表格或区域的数据透视表"对话框，保持默认设置，单击 确定 按钮，如图6-26所示。

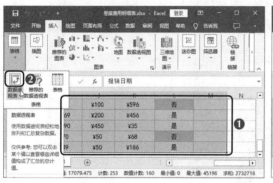

图6-25 单击"数据透视表"按钮

图6-26 创建数据透视表

（3）系统将在"Sheet1"工作表左侧新建"Sheet2"工作表，并自动打开"数据透视表字段"任务窗格，然后将该工作表重命名为"差旅费用数据透视表分析"。

（4）将鼠标指针移动到"数据透视表字段"任务窗格中的"目的地"字段上，单击鼠标右键，在弹出的快捷菜单中选择"添加到行标签"命令，如图6-27所示。

（5）使用同样的方法将"交通费""住宿费""餐费""补贴""其他费用"字段添加到"值"区域中，然后选择B4:F12单元格区域，按【Ctrl+Shift+4】组合键，将其转换为货币形式，再在【开始】/【数字】组中单击"减少小数位数"按钮，去掉默认的两位小数位数，其效果如图6-28所示。

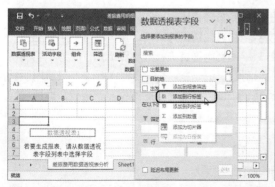

图6-27 添加字段

图6-28 创建数据透视表后的效果

（6）选择数据透视表中的任意单元格，在【设计】/【布局】组中单击"报表布局"按钮，下方的下拉按钮，在打开的下拉列表中选择"以大纲形式显示"选项，如图6-29所示。

（7）在【设计】/【数据透视表样式】组中单击"快速样式"按钮，在打开的下拉列表中选择"浅绿，数据透视表样式中等深浅14"选项，如图6-30所示。

图6-29 设置报表布局

图6-30 选择数据透视表样式

（8）在【数据透视表分析】/【筛选】组中单击"插入切片器"按钮，打开"插入切片器"对话框，选中"报销人"复选框，单击 确定 按钮，当前工作表中将插入显示所有报销人姓名的一个"切片器"卡片，在其中选择任意一个报销人姓名，或按【Alt+S】组合键选择多个报销人姓名，即可在数据透视表中查看该报销人的所有报销项目。插入切片器如图6-31所示。

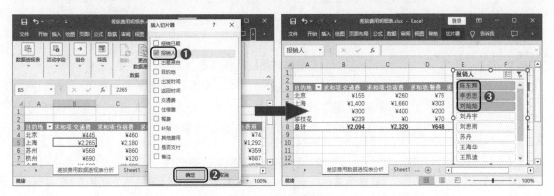

图6-31 插入切片器

知识提示　　　　　　　　　　**断开报表连接**

为数据透视表插入切片器后，系统将自动激活【数据透视表分析】/【筛选】组中的"筛选器连接"按钮，单击该按钮，打开"筛选器连接"对话框，取消选中某个复选框后，再单击 确定 按钮，即可断开数据透视表与筛选器的连接。

（二）创建并编辑数据透视图

数据透视图可以以图的形式表示数据透视表中的数据，因此，数据透视图不仅具有数据透视表的交互功能，还具有图的图示功能。通过数据透视图，用户可以直观地查看工作表中的数据，以便进行数据的分析与对比，其具体操作如下。

（1）选择"Sheet1"工作表中的A2:M22单元格区域，在【插入】/
【图表】组中单击"数据透视图"按钮，打开"创建数据透视图"窗
口，保持默认设置，单击 确定 按钮，如图6-32所示。

（2）Excel将在"Sheet1"工作表左侧新建"Sheet3"工作表，并
自动打开"数据透视图字段"任务窗格，然后将该工作表重命名为"差旅
费用数据透视图分析"。

（3）将"报销日期"字段添加到"筛选"区域中，将"出差原由"字段添加到"轴(类别)"
区域中，将"计数项:报销人"和"计数项:目的地"字段添加到"值"区域中，然后以大纲形式显
示数据透视图，如图6-33所示。

图6-32 创建数据透视图

图6-33 添加数据透视图字段

多学一招 快速创建数据透视图

选择数据透视表中的任意单元格，然后在【数据透视表分析】/【工具】
组中单击"数据透视图"按钮，打开"插入图表"对话框，在其中选择需
要的图表类型和图表样式后，可快速创建数据透视图。

（4）选择C3单元格，单击鼠标右键，在弹出的快捷菜单中选择"值字段设置"命令，打开
"值字段设置"窗口，单击"值显示方式"选项卡，在"值显示方式"下拉列表框中选择"总计的
百分比"选项，然后单击 确定 按钮，如图6-34所示。

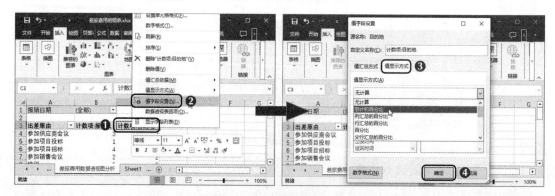

图6-34 设置值显示方式

（5）选择数据透视图，在【设计】/【类型】组中单击"更改图表类型"按钮，打开"更改图表类型"对话框，在左侧单击"组合图"选项卡，在右侧的"计数项:目的地"系列名称对应的图表类型下拉列表框中选择"带数据标记的折线图"选项，并选中右侧的"次坐标轴"复选框，然后单击 确定 按钮，如图6-35所示。

（6）调整数据透视图的大小和位置后，双击数据透视图左侧的坐标轴，打开"设置坐标轴格式"任务窗格，单击"坐标轴选项"按钮，在"边界"栏中的"最大值"文本框中输入"5.0"，如图6-36所示。

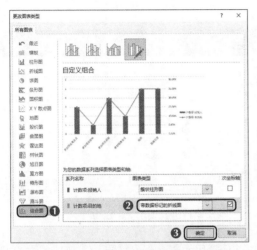

图6-35　更改图表类型

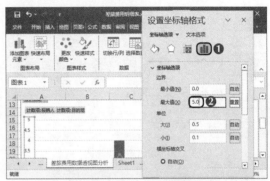

图6-36　设置坐标轴边界

（7）使用同样的方法设置数据透视图右侧的坐标轴最大值为"0.5"，然后在【设计】/【图表样式】组中单击"更改颜色"按钮下方的下拉按钮，在打开的下拉列表中选择"彩色调色板3"选项，如图6-37所示。

（8）选择数据透视图，在右侧单击"图表元素"按钮，在打开的下拉列表中单击"网格线"复选框右侧的"展开"按钮，在打开的下拉列表中取消选中"主轴主要水平网格线"复选框，如图6-38所示。

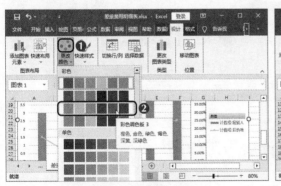
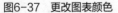

图6-37　更改图表颜色

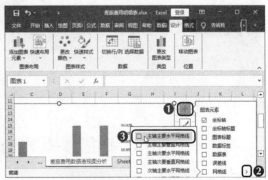

图6-38　隐藏网格线

（三）通过数据透视图筛选数据

数据透视图与普通图表最大的区别在于，数据透视图具有交互功能。在数据透视图中，用户可以筛选需要的数据进行查看，而且数据透视表中的数据也会相应地发生改变，其具体操作如下。

（1）单击数据透视图中的 出差原由 按钮右侧的下拉按钮▼，在打开的下拉列表中取消选中"参加项目投标"和"培训"复选框，然后单击 确定 按钮，如图6-39所示。

（2）返回数据透视图后，可看到原来的数据信息被影响，只显示"参加供应商会议""参加项目招标""参加销售会议""招商引资"数据内容，如图6-40所示。

微课视频

通过数据透视图筛选数据

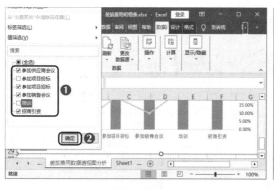

图6-39　按出差原由筛选

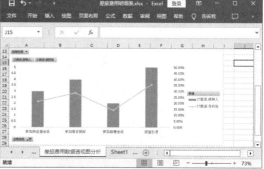

图6-40　筛选结果

（3）选择数据透视表中"计数项:报销人"列中的任意单元格，在【数据】/【排序和筛选】组中单击"升序"按钮，使数据透视图中的数据按照出差原由的报销人数进行升序排列，如图6-41所示。

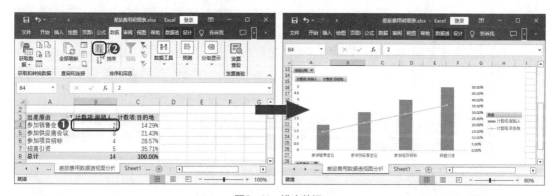

图6-41　排序数据

实训一　制作"销售部销量统计表"工作簿

【实训要求】

当销售部召开月度总结、年度总结等总结大会时，大多会要求制作销量统计表，以直观地展示销售额、销售量、销售渠道等数据，了解销售部的整体表现和趋势，从而评估过去一段时间的销售工作，发现成功经验和不足之处，并为未来制订目标和策略提供参考。本实训制作完成后的效果如图6-42所示。

素材所在位置 素材文件 \ 项目六 \ 销售部销量统计表.xlsx

效果所在位置 效果文件 \ 项目六 \ 销售部销量统计表.xlsx

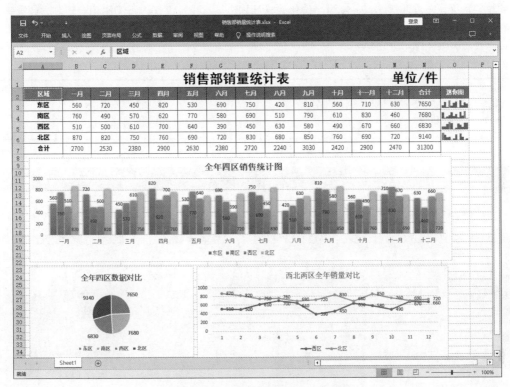

图6-42 "销售部销量统计表"工作簿

【实训思路】

销量统计表是销售部的重要工具，主要用于记录和统计销售数据，并跟踪和分析销售业绩。它在销售部的运营和管理中发挥着关键作用。制作"销售部销量统计表"工作簿时，首先要确定需要收集和记录的数据项，如时间、销售额、销售数量、销售渠道等，然后将数据项正确输入表格，并根据数据的特点和目的，选择最能突出销售趋势和比较的图表样式。必要时，还需要定期更新销售数据，保证销量统计表的准确性。

【步骤提示】

要完成本实训，需要先打开素材工作簿，然后使用函数计算合计数，并根据数据选择合适的图表类型分析数据，最后美化图表。具体步骤如下。

（1）打开"销售部销量统计表.xlsx"工作簿，使用SUM函数计算各区域的全年销量总和，以及各月的销量总和。

（2）使用迷你图分析各区域全年销量总和的发展趋势，标记出数据的高点和低点后，再进行适当美化。

（3）分别使用簇状柱形图、饼图、带数据标记的折线图分析全年四区销售情况、全年四区数据对比情况和西北两区全年销量对比情况。

实训二　分析"学生考试成绩分析表"工作簿

【实训要求】

为了了解学生的学习状况和成绩，教师有时候会制作学生考试成绩分析表。该表可用于评估学生的学习水平、发现薄弱学科、制订个性化教学计划、与学生及家长进行沟通和监测教学效果等，进而针对不同的情况和需求，采用有效的教学方法和策略，提高学生的学习效果和成绩。本实训制作完成后的效果如图6-43所示。

素材所在位置　素材文件＼项目六＼学生考试成绩分析表.xlsx
效果所在位置　效果文件＼项目六＼学生考试成绩分析表.xlsx

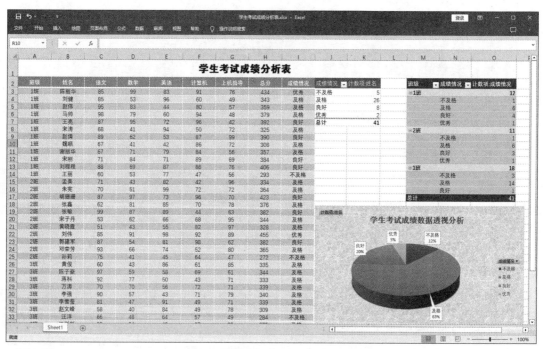

图6-43　"学生考试成绩分析表"工作簿

【实训思路】

学生考试成绩分析表是一种用于整理、统计和分析学生考试成绩的数据表格或报告，它可以帮助教师、学校管理者和学生自己更好地了解学习情况，并根据统计结果进行相应的教学调整和学业规划。制作学生考试成绩分析表时，要确保数据准确、统计方法合适、分析角度全面、比较参照明确、数据可视化清晰、隐私保护到位。同时，还要能够解读、分析表格，并有效地与相关人员进行沟通，这样才能充分发挥学生考试成绩分析表的作用，促进学生的学习和发展。

【步骤提示】

要完成本实训，需要先打开素材工作簿，然后使用数据透视表分析数据，再使用数据透视图图示化数据。具体步骤如下。

（1）打开"学生考试成绩分析表.xlsx"工作簿，在当前工作表中创建数据透视表，再分别设置数据透视表的布局和样式。

（2）根据原数据源，在当前工作表中创建三维饼图样式的数据透视图，用以分析学生成绩情况的占比。

（3）修改图表标题，再设置字体格式，然后为图表添加数据标注，并设置图表的背景为纹理填充。

课后练习

练习1：制作"招聘统计表"工作簿

本练习要求打开素材文件中的"招聘统计表.xlsx"工作簿，在其中计算出相关数据后，根据计算结果创建图表。参考效果如图6-44所示。

素材所在位置 素材文件\项目六\招聘统计表.xlsx

效果所在位置 效果文件\项目六\招聘统计表.xlsx

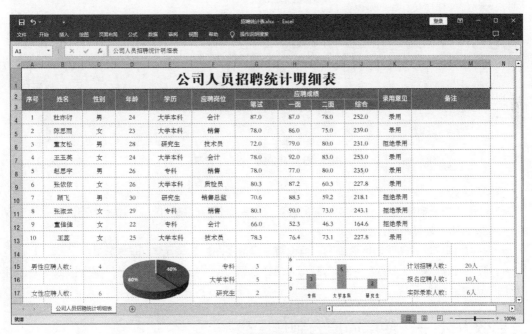

图6-44 "招聘统计表"工作簿

操作要求如下。

- 打开"招聘统计表.xlsx"工作簿，使用COUNTIF函数分别计算出男性应聘人数、女性应聘人数、专科人数、大学本科人数、研究生人数、报名应聘人数和实际录取人数。

- 根据计算出的男性应聘人数和女性应聘人数结果创建饼图，再根据计算出的专科人数、大学本科人数和研究生人数结果创建柱形图。

- 美化图表后，适当缩小图表，将其置于计算结果的右侧，再重命名工作表。

练习2：分析"店铺销售量"工作簿

本练习要求打开素材文件中的"店铺销售量.xlsx"工作簿，在其中创建并编辑数据透视表和数据透视图。参考效果如图6-45所示。

素材所在位置 素材文件\项目六\店铺销售量.xlsx

效果所在位置 效果文件\项目六\店铺销售量.xlsx

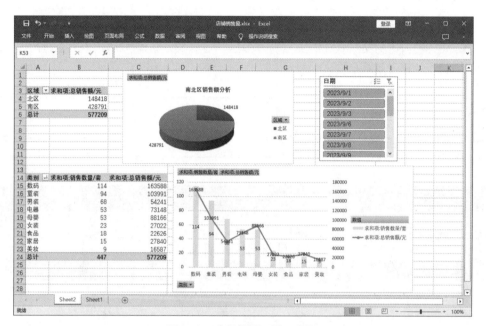

图6-45 "店铺销售量"工作簿

操作要求如下。

- 打开"店铺销售量.xlsx"工作簿，在新工作表中分别创建"区域"数据透视表和"类别"数据透视表，再设置其布局。
- 根据数据透视表创建数据透视图，再设置数据透视图的图表元素和图表样式。
- 将"类别"数据透视表中的"求和项:总销售额/元"从高到低排列，再根据该数据源添加"日期"切片器。

高效办公——使用简道云制作图表

简道云是帆软软件有限公司推出的一款软件，它具有表单、流程、分析仪表盘、知识库等功能模块，可以应用于多个工作场景，如生产管理、设备巡检、进销存管理、人事管理、订单管理、质量管理等。用户可以根据自己的业务需求，快速搭建和定制相应的应用，从而提高企业的工作效率和管理水平。下面以使用简道云制作图表为例，介绍简道云的使用方法。

1. 创建流程、表单、表盘

注册并登录简道云后，在"工作台"界面中单击"创建流程/表单/仪表盘"超链接，在打开的对话框中单击 开始创建 按钮，再在打开的界面中单击"新建仪表盘"超链接，如图6-46所示。

图6-46 单击"新建仪表盘"超链接

2. 编辑仪表盘

打开"仪表盘设计"界面，在其中单击 仪表盘模板 按钮，在打开的"仪表盘模板"对话框中单击 安装应用及数据 ▾ 按钮，再单击"编辑"按钮 ✎ ，在仪表盘模板中选择任意图表样式后，单击图表中的"编辑"按钮 ✎ ，在其中通过拖动左侧的字段添加图表元素，并在右侧设置图表类型、线条样式、坐标轴、数据标签等选项，如图6-47所示。

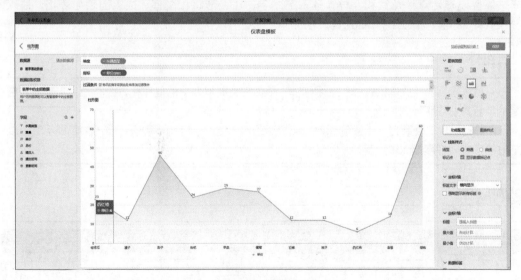

图6-47 编辑图表

3. 预览和保存仪表盘

在设计仪表盘时，要想查看仪表盘的设计效果，可以使用预览功能。如果需要设计的内容对成员生效，则需要将仪表盘进行保存。如果想仪表盘中的任何一处改动对成员生效，都需要在设置完毕后进行保存，包括定时提醒设置、图表组件样式调整等。若改动后未保存，则改动不会对成员生效。

项目七

PowerPoint 幻灯片制作与编辑

情景导入

经过长时间的工作实践，米拉已经能够熟练地制作各种类型的办公文档和表格。然而，老洪却向米拉指出，除了掌握办公文档和表格的制作方法，演示文稿的制作方法同样至关重要。一个高质量的演示文稿不仅能够提高工作效率，还有助于提升个人的专业形象。因此，掌握演示文稿的制作方法，对于提升职场竞争力具有重要意义。

学习目标

- 掌握制作、保存演示文稿的方法。
掌握新建演示文稿、添加与删除幻灯片、复制与移动幻灯片、输入并编辑文本、保存和关闭演示文稿等操作。
- 掌握编辑演示文稿的方法。
掌握设置幻灯片背景和字体、插入艺术字、插入形状和图标、插入图表与表格、插入SmartArt图形、插入图片和插入音频等操作。

素质目标

- 具备较高的专业理论素养和艺术修养，培养符合时代要求的信息化办公能力，不断提升自身的综合素质和职场竞争力。
- 具备敏锐的观察力、丰富的想象力和灵活的构想能力，运用多种设计技巧和表现手法，以最好的方式展现事物的本质美。

案例展示

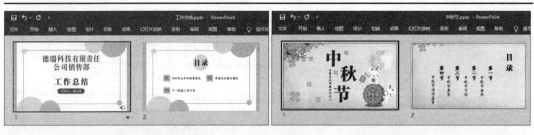

▲ "工作总结" 演示文稿效果　　　　　　▲ "中秋节" 演示文稿效果

任务一　制作"公益广告策划案"演示文稿

在日常办公环境中，配备一次性杯子等物品已成为常态，它们为我们的工作和生活带来便利，但同时也加剧了垃圾问题的严重性。为此，米拉决定制作一份"公益广告策划案"演示文稿，以激发大家的环保意识，引导大家从日常生活中做起，减少一次性物品的使用，保护我们共同的家园。本任务的参考效果如图7-1所示。

素材所在位置　素材文件 \ 项目七 \ 公益广告策划案.txt

效果所在位置　效果文件 \ 项目七 \ 公益广告策划案.pptx

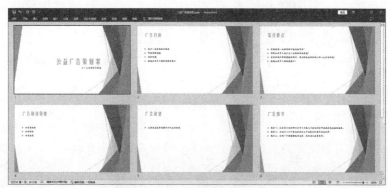

图 7-1　"公益广告策划案"演示文稿

一、任务描述

（一）任务背景

公益广告策划案是用于规划和组织公益广告活动的文件或计划，涵盖了活动的目标、目标受众、核心信息传达、传播渠道、预算、时间安排等内容，旨在通过有针对性的广告策略和行动来提高公众对某项公益事业的关注度、理解度和参与度。在制作"公益广告策划案"演示文稿时，应尽可能用简洁的语言来说明主要观点和内容，避免使用冗长的文字，以免让观众产生疲劳和失去兴趣。本任务将制作"公益广告策划案"演示文稿，用到的操作主要有新建演示文稿、添加与删除幻灯片、复制与移动幻灯片、输入并编辑文本、保存和关闭演示文稿等。

（二）任务目标

（1）能够根据需要新建、保存和关闭演示文稿。
（2）能够对幻灯片进行添加、删除、复制和移动等操作。
（3）能够在普通视图和大纲视图下输入文本，并根据需要编辑文本。

二、任务实施

（一）新建演示文稿

制作完整的演示文稿，首先需要新建一个演示文稿，然后在其中进行相应的操作，其具体操作如下。

（1）启动PowerPoint，选择【文件】/【新建】命令，打开"新建"界面，在其中选择"平面"选项，如图7-2所示。

（2）打开"平面"模板的预览窗格，单击"创建"按钮，如图7-3所示，系统将新建一个名为"平面"的空白演示文稿。

图7-2　选择"平面"选项　　　　图7-3　根据模板创建演示文稿

多学一招　　　　　　　　　　**查看模板演示文稿**

在PowerPoint的"新建"界面中选择需要的模板后，在打开的模板预览窗格中可预览该模板。单击模板下方"更多图像"左右两侧的〈按钮和〉按钮可预览该模板的演示文稿中应用的幻灯片版式。另外，单击←按钮或→按钮可预览前一个或后一个演示文稿模板。

（二）添加与删除幻灯片

一个演示文稿往往由多张幻灯片组成，用户可以根据需要在演示文稿的任意位置新建幻灯片，对于不需要的幻灯片可以直接删除，其具体操作如下。

（1）在"幻灯片"浏览窗格中选择第1张幻灯片，然后在【开始】/【幻灯片】组中单击"新建幻灯片"按钮下方的下拉按钮，在打开的下拉列表中选择"标题和内容"选项，如图7-4所示。

（2）系统将根据所选版式添加一张新的幻灯片，然后使用同样的方法继续添加7张幻灯片。

多学一招　　　　　　　　　　**添加幻灯片的其他方式**

在"幻灯片"浏览窗格中按【Enter】键，或在"幻灯片"浏览窗格中单击鼠标右键，在弹出的快捷菜单中选择"新建幻灯片"命令，可在当前幻灯片后面插入一张新的幻灯片。

（3）添加完需要的幻灯片后，检查时发现第3张幻灯片的版式错误，因此需要将其删除。在"幻灯片"浏览窗格中选择第3张幻灯片，单击鼠标右键，在弹出的快捷菜单中选择"删除幻灯片"命令，如图7-5所示。

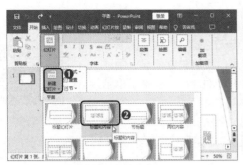

图7-4　添加幻灯片　　　　　　　　　图7-5　删除幻灯片

多学一招　　　　　　　　　**更改幻灯片的版式**

　　新建幻灯片后，如果对幻灯片的版式不满意，也可以不删除幻灯片，而是在【开始】/【幻灯片】组中单击"版式"按钮▤右侧的下拉按钮，在打开的下拉列表中选择需要的幻灯片版式，从而快速更改幻灯片的版式。

（三）复制与移动幻灯片

微课视频
复制与移动幻灯片

　　幻灯片的位置决定了它在整个演示文稿中的播放顺序。因此，在插入或制作幻灯片时，可以复制和移动幻灯片，再根据需要进行修改，以减少幻灯片的制作时间，其具体操作如下。

　　（1）在"幻灯片"浏览窗格中选择第1张幻灯片，然后在【开始】/【剪贴板】组中单击"复制"按钮▤右侧的下拉按钮，在打开的下拉列表中选择第2个"复制"选项，如图7-6所示。

　　（2）第1张幻灯片后面将添加一张版式相同的幻灯片，选择该张幻灯片，然后向下拖动鼠标至第8张幻灯片的下方，如图7-7所示。

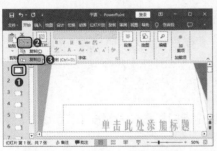
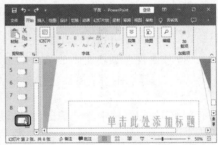

图7-6　选择第2个"复制"选项　　　　　图7-7　移动幻灯片

　　（3）释放鼠标左键，完成幻灯片的移动操作，此时原来第2张幻灯片的编号将自动变为"8"。

知识提示　　　　　　　　　**选择复制幻灯片的粘贴位置**

　　选择相应的幻灯片后单击鼠标右键，在弹出的快捷菜单中选择"复制"命令，可在不同的位置粘贴复制的幻灯片；若选择"复制幻灯片"命令，则可直接在所选幻灯片后粘贴复制的幻灯片。

（四）输入并编辑文本

微课视频
输入并编辑文本

不同演示文稿的主题和表现方式有所不同，但无论是哪种类型的演示文稿，都不可能缺少文本。在演示文稿中，文本可以传达关键信息、阐述主要观点、提供细节和解释，并与其他演示元素（如图像、图表等）相结合，从而增强演示的效果。输入并编辑文本的具体操作如下。

（1）选择第1张幻灯片，将鼠标指针定位到"单击此处添加标题"占位符中，此时该占位符中的文本将自动消失，并显示文本插入点，然后在其中输入"公益广告策划案"文本。

（2）将文本插入点定位到"单击此处添加副标题"占位符中，输入"之一次性物品的使用"文本，如图7-8所示。

（3）在【视图】/【演示文稿视图】组中单击"大纲视图"按钮，进入大纲视图，然后选择第2张幻灯片，在文本插入点后面输入标题"广告目的"文本，再按【Ctrl+Enter】组合键在该张幻灯片中建立下一级标题，并在其中输入图7-9所示的文本。

图7-8　在普通视图中输入文本　　　　图7-9　在大纲视图中输入文本

（4）使用相同的方法在其他幻灯片中输入"公益广告策划案.txt"文本文档中的内容，再单击状态栏中的"普通视图"按钮，或在【视图】/【演示文稿视图】组中单击"普通"按钮，退出大纲视图，返回普通视图。

多学一招　　　　　　　　　　查找与替换文本

在PowerPoint的幻灯片中进行查找与替换文本的操作与在Word或Excel中进行查找和替换文本的操作相似，按【Ctrl+F】组合键可打开"查找"对话框，按【Ctrl+H】组合键可打开"替换"对话框。

（5）选择第8张幻灯片中的"单击此处添加副标题"占位符，按【Delete】键删除，如图7-10所示。

（6）选择"谢谢观看"文本，在【开始】/【字体】组中设置字号为"96"，字体颜色为"金色，个性色3"，再在【开始】/【段落】组中设置对齐方式为"居中"，如图7-11所示。

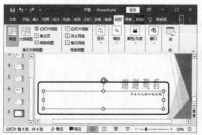 

图7-10　删除占位符　　　　　　图7-11　设置文本的字体格式

（五）保存和关闭演示文稿

微课视频

保存和关闭演示文稿

在创建和编辑演示文稿时，为了防止内容丢失，可选择将其保存在计算机中，而当演示文稿不再需要编辑时，可将其关闭，其具体操作如下。

（1）按【Ctrl+S】组合键，或选择【文件】/【保存】命令，打开"另存为"界面，选择"浏览"选项，如图7-12所示。

（2）打开"另存为"对话框，在右侧导航窗格中选择演示文稿的保存位置，在"文件名"下拉列表框中输入"公益广告策划案"文本，保持"保存类型"下拉列表框的默认选择，然后单击 保存(S) 按钮，如图7-13所示。

图7-12 "浏览"选项

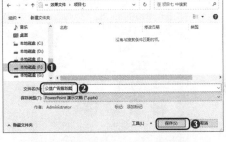

图7-13 设置演示文稿保存参数

（3）返回演示文稿的工作界面，可发现该演示文稿的默认标题"平面"已变为"公益广告策划案"，如图7-14所示。

（4）选择【文件】/【关闭】命令，关闭该演示文稿，如图7-15所示。

> **知识提示**
>
> **关闭演示文稿的其他方法**
>
> 除了通过上述方法关闭演示文稿，还可以单击工作界面右上角的"关闭"按钮✕，或在标题栏上单击鼠标右键，在弹出的快捷菜单中选择"关闭"命令。

图7-14 保存演示文稿后的效果

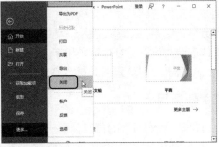

图7-15 关闭演示文稿

任务二 编辑"工作总结"演示文稿

公司计划在下周召开2023年上半年工作总结大会，每个部门都需要详细总结这半年里完成的工作，并以演示文稿的形式展示。然而，销售部的同事制作演示文稿的能力较弱，无法将复杂的工作情况和成果以清晰、简洁的方式呈现出来，导致演示文稿的效果不尽如人意，无法有效地传达出信息。因此，销售部的同事决定寻求外部的帮助，他们找到了米拉，希望她能帮助他们美化演示文稿。本任务的参考效果如图7-16所示。

素材所在位置 素材文件＼项目七＼工作总结.pptx、图片1.png、图片2.png、图片3.png、背景音乐.mp3

效果所在位置 效果文件＼项目七＼工作总结.pptx

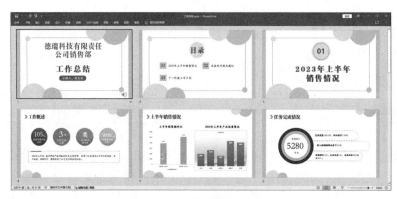

图7-16 "工作总结"演示文稿

一、任务描述

（一）任务背景

工作总结是一种记录过去一段时间内（通常是一个月、一个季度或一年）的工作成果、任务完成情况、遇到的问题和困难，以及解决方案的文档或报告。其目的是回顾过去一段时间的工作经历，分析整理工作经验，总结工作成果，找出存在的问题并提出对策，为未来的工作提供参考和借鉴。在制作"工作总结"演示文稿时，需要具备清晰的结构，同时可以使用图表、图片等可视化手段来展示数据和结果，以增加演示文稿的说服力和吸引力。本任务将编辑"工作总结"演示文稿，用到的操作主要有设置幻灯片背景和字体，以及插入艺术字、插入形状和图标、插入图表与表格、插入SmartArt图形、插入图片、插入音频等。

（二）任务目标

（1）能够设计幻灯片的背景，统一演示文稿的效果。
（2）能够通过艺术字、SmartArt图形等展示幻灯片中的文字。
（3）能够通过图表和表格展示幻灯片中的数据。
（4）能够在幻灯片中插入音频，并根据需要设置播放选项。

二、任务实施

（一）设置幻灯片背景和字体

幻灯片的背景可以是一种颜色，也可以是多种颜色，还可以是图片。设置幻灯片背景是快速改变幻灯片效果的方法之一，此外，还可以一次性设置好文本的字体，减少重复工作，其具体操作如下。

微课视频
设置幻灯片背景和字体

（1）打开"工作总结.pptx"演示文稿，在【设计】/【自定义】组中单击"设置背景格式"按钮🖌️，打开"设置背景格式"任务窗格，选中"纯色填充"单选项，再单击"填充颜色"按钮🎨右侧的下拉按钮，在打开的下拉列表中选择"其他颜色"选项，如图7-17所示。

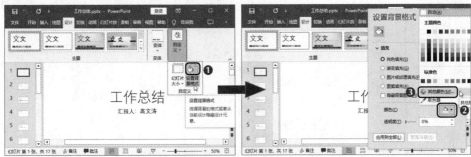

图7-17　设置背景格式

（2）打开"颜色"窗口，单击"自定义"选项，在"颜色模式"下拉列表框中选择"RGB"选项，在"红色""绿色""蓝色"数值微调框中分别输入"191""215""237"，然后单击 确定 按钮，如图7-18所示。

（3）返回演示文稿，在"设置背景格式"任务窗格中单击 应用到全部(L) 按钮，为所有幻灯片应用相同的背景颜色。

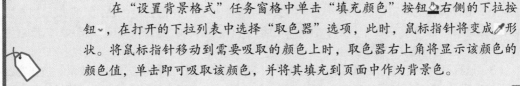

知识提示　　　　　　　　　　使用取色器快速吸取颜色

　　在"设置背景格式"任务窗格中单击"填充颜色"按钮🎨右侧的下拉按钮，在打开的下拉列表中选择"取色器"选项，此时，鼠标指针将变成🖋️形状。将鼠标指针移动到需要吸取的颜色上时，取色器右上角将显示该颜色的颜色值，单击即可吸取该颜色，并将其填充到页面中作为背景色。

（4）关闭"设置背景格式"任务窗格，在【设计】/【变体】组中单击"变体"按钮下方的下拉按钮，在打开的下拉列表中选择"字体"选项，在打开的子列表中选择"自定义字体"选项，如图7-19所示。

图7-18　自定义背景颜色

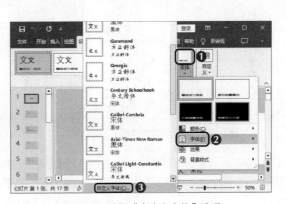

图7-19　选择"自定义字体"选项

（5）打开"新建主题字体"对话框，在"西文"和"中文"栏中的"标题字体"下拉列表框中均选择"方正粗宋简体"选项，在"正文字体"下拉列表框中均选择"方正新楷体简体"选项，然后在"名称"文本框中输入"总结"文本，再单击 保存(S) 按钮，如图7-20所示。

（6）返回演示文稿，所有幻灯片中的标题文本和正文文本将自动应用自定义的字体格式，如图7-21所示。

图7-20　新建主题字体

图7-21　应用自定义字体后的效果

（二）插入艺术字

微课视频
插入艺术字

艺术字通常具有独特的设计和引人注目的外观，在演示文稿中插入艺术字，可以为演示文稿增添视觉上的吸引力，避免幻灯片令人产生单调感，其具体操作如下。

（1）将"工作总结"标题占位符和"汇报人：高文涛"副标题占位符向下移动，然后在【插入】/【文本】组中单击"艺术字"按钮 A 下方的下拉按钮 ，在打开的下拉列表中选择"填充：蓝色，主题色1；阴影"选项，如图7-22所示。

（2）将"请在此放置您的文本"艺术字文本框向上移动，然后在其中输入"德瑞科技有限责任公司销售部"文本，并在【开始】/【字体】组中设置字体为"方正大标宋_GBK"，字号为"60"，最后适当调整文本框的大小。

（3）选择插入的艺术字，在【形状格式】/【艺术字样式】组中单击"文字效果"按钮 A 右侧的下拉按钮 ，在打开的下拉列表中选择"阴影"选项，在打开的子列表中选择"偏移：下"选项，如图7-23所示。

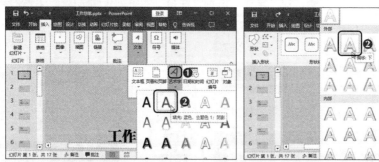
图7-22　选择艺术字样式　　　　　图7-23　设置艺术字效果

（4）保持艺术字的选择状态，在【开始】/【段落】组中单击右下角的"对话框启动器"按钮 ，打开"段落"对话框，在"间距"栏中的"行距"下拉列表框中选择"多倍行距"选项，并在右侧的"设置值"数值微调框中输入"0.9",然后单击 确定 按钮,如图7-24所示。

（5）选择"工作总结"文本,在【开始】/【字体】组中设置字体颜色为"黑色,文字1,淡色 35%",然后在【开始】/【字体】组中单击右下角的"对话框启动器"按钮 ,打开"字体"对话框,单击"字符间距"选项卡,在"间距"下拉列表框中选择"加宽"选项,在右侧的"度量值"数值微调框中输入"12",然后单击 确定 按钮,如图7-25所示。

图7-24　设置行距　　　　　　　　　　图7-25　设置字符间距

（三）插入形状和图标

在制作演示文稿时,形状和图标是比较常用的元素。它们既能用来表达演示文稿的重点内容,又能美化幻灯片,增强视觉吸引力,使信息更清晰、更易于理解。插入形状和图标的具体操作如下。

微课视频

插入形状和图标

（1）在【插入】/【插图】组中单击"形状"按钮 下方的下拉按钮 ,在打开的下拉列表中选择"矩形"选项,如图7-26所示。

（2）当鼠标指针变成十形状时,绘制一个与幻灯片页面高度一致的矩形,然后在【形状格式】/【形状样式】组中单击"形状填充"按钮 右侧的下拉按钮 ,在打开的下拉列表中选择"白色,背景 1"选项,如图7-27所示。

图7-26　选择形状　　　　　　　　　　图7-27　设置形状填充颜色

（3）保持形状的选择状态,在【形状格式】/【形状样式】组中单击"形状轮廓"按钮 右侧的下拉按钮 ,在打开的下拉列表中选择"无轮廓"选项,如图7-28所示。

（4）在【形状格式】/【大小】组中的"宽度"数值微调框中输入"31.96 厘米",如图7-29所示。

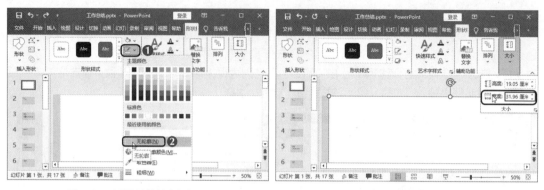

图7-28　设置形状轮廓颜色　　　　　　　　　图7-29　设置形状宽度

（5）在【形状格式】/【排列】组中单击"对齐"按钮下方的下拉按钮，在打开的下拉列表中选择"水平居中"选项，如图7-30所示。

（6）在【形状格式】/【排列】组中单击"下移一层"按钮下方的下拉按钮，在打开的下拉列表中选择"置于底层"选项，如图7-31所示。

（7）使用同样的方法绘制一个无填充颜色、高度为14.77厘米、宽度为28.12厘米的矩形，并将其置于幻灯片的中间位置。

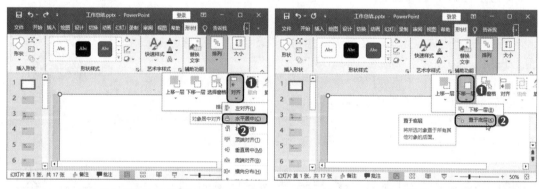

图7-30　设置形状对齐方式　　　　　　　　　图7-31　将形状置于底层

（8）在幻灯片的空白处按住【Shift】键绘制一个正圆形，再绘制一个一边长与正圆形直径相同的矩形，然后将矩形置于正圆形的上方，同时选择这两个形状，在【形状格式】/【插入形状】组中单击"合并形状"按钮，在打开的下拉列表中选择"相交"选项，如图7-32所示。

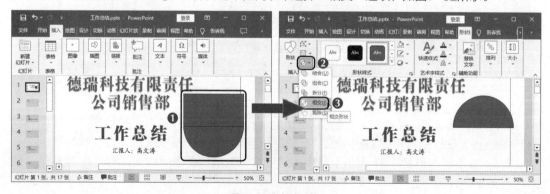

图7-32　合并形状

（9）自定义合并形状的填充颜色，"红色"为"255""绿色"为"230""蓝色"为"157"，再设置该合并形状的"形状轮廓"为"无轮廓"。

（10）复制并粘贴浅黄色的合并形状，适当缩小粘贴的合并形状后，设置填充颜色为幻灯片背景的浅蓝色，然后同时选择这两个合并形状，在【形状格式】/【排列】组中单击"组合"按钮下方的下拉按钮，在打开的下拉列表中选择"组合"选项，如图7-33所示。

（11）复制粘贴组合形状，然后选择粘贴的组合形状，在【形状格式】/【排列】组中单击"旋转"按钮下方的下拉按钮，在打开的下拉列表中选择"垂直翻转"选项，如图7-34所示。

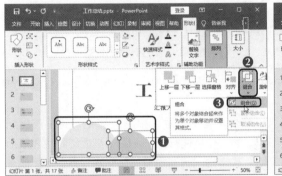
图7-33　组合形状

图7-34　旋转形状

（12）保持组合形状的选择状态，再次在【形状格式】/【排列】组中单击"旋转"按钮下方的下拉按钮，在打开的下拉列表中选择"水平翻转"选项，然后将大的半圆形状设置为浅蓝色填充，小的半圆形状设置为浅黄色填充。

（13）继续绘制圆形形状和圆角矩形形状以点缀第1张幻灯片，如图7-35所示。

（14）将第1张幻灯片中的多个矩形形状、圆形形状、组合对象均复制到第2张幻灯片中，再将其置于底层，然后绘制一个浅黄色的正圆形形状，将"目录"标题占位符置于其上。

（15）在【插入】/【文本】组中单击"文本框"按钮下方的下拉按钮，在打开的下拉列表中选择"绘制横排文本框"选项，如图7-36所示。

图7-35　第1张幻灯片的效果

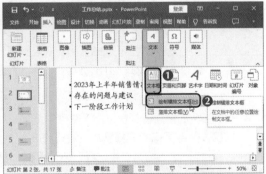
图7-36　选择"绘制横排文本框"选项

（16）当鼠标指针变成十形状时，拖动鼠标绘制文本框，然后在其中输入"01"，并在【形状格式】/【形状样式】组中设置填充颜色为浅蓝色，如图7-37所示。

（17）在其中输入"2023年上半年销售情况"文本，然后将这两个文本框组合，再复制并粘贴两次，修改其中的编号和文本内容，完成第2张幻灯片的制作，如图7-38所示。

图7-37　编辑文本框	图7-38　第2张幻灯片的效果

（18）复制第2张幻灯片，将其粘贴至第2张幻灯片的后面，然后修改内容，作为节标题幻灯片显示，如图7-39所示。

（19）将第3张幻灯片复制并粘贴至第10张幻灯片（客户开发）和第13张幻灯片（产品结构）的后面，再根据第2张幻灯片中的内容进行修改，然后使用同样的方法编辑其他幻灯片，最后将第1张幻灯片复制并粘贴至最后，修改"工作总结"文本为"谢谢观看！"文本，再删除其他多余的元素。

（20）在"幻灯片"浏览窗格中选择第13张幻灯片，在【插入】/【插图】组中单击"图标"按钮，打开"插入图标"对话框，在左侧单击"分析"选项卡，在右侧选择"放大镜"选项，然后单击 插入(1) 按钮，如图7-40所示。

图7-39　第3张幻灯片的效果	图7-40　选择图标

（21）返回演示文稿，选择插入的图标，在【图形格式】/【图形样式】组中的"预设"栏中选择"彩色填充－强调颜色2、无轮廓"选项，如图7-41所示。

（22）保持图标的选择状态，在【图形格式】/【排列】组中单击"旋转"按钮下方的下拉按钮，在打开的下拉列表中选择"水平翻转"选项，然后将其置于"存在问题"文本框的上方，并适当调整大小。

（23）在【图形格式】/【图形样式】组中单击"图形效果"按钮右侧的下拉按钮，在打开的下拉列表中选择"发光"选项，在打开的子列表中选择"发光：8 磅；灰色，主题色 3"选项，如图7-42所示，然后将图标复制并粘贴至第14张幻灯片中"存在问题"文本框的上方。

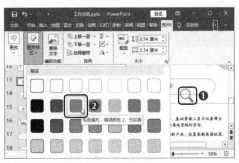

图7-41　选择图形样式

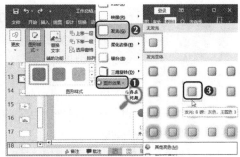

图7-42　选择图形效果

知识提示　　　　　　　　　　　　　　**更改图标**

　　选择插入的图标，在【图形格式】/【更改】组中单击"更改图形"按钮 下方的下拉按钮，在打开的下拉列表中选择"从图标"选项，此时将打开"插入图标"对话框，在其中选择一个新的图标后，原图标将变为新的图标。另外，在该组中选择"转换为图形"按钮，所选图标将变为形状形式，如果图标是由多个部分组成，转换为形状形式后，各个部分将会被拆分，此时可根据需要进行删减。

（四）插入图表与表格

微课视频

插入图表与表格

　　在制作演示文稿时，在幻灯片中插入图表和表格，可以将大量的数据和细节有效地整合到一张图表或表格中，避免过多的文字和信息造成混乱，从而优化演示文稿的效果和品质，其具体操作如下。

　　（1）选择第5张幻灯片，在其中插入无填充颜色和无轮廓的文本框，并输入"上半年销售额对比"文本，然后在【插入】/【插图】组中单击"图表"按钮，打开"插入图表"对话框，单击"柱形图"选项卡，选择"簇状柱形图"选项，单击 确定 按钮，如图7-43所示。

　　（2）打开"Microsoft PowerPoint中的图表"对话框，在B1单元格中输入图例"销售额/万元"文本，在A2:A3单元格区域中输入图表的"坐标轴"数据，在B2:B3单元格区域中输入销售额数据，然后将鼠标指针移动到D5单元格的右下角，当鼠标指针变成形状时，拖动鼠标指针至B3单元格，如图7-44所示。

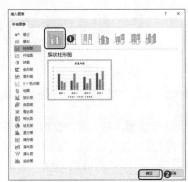

图7-43　选择图表类型

图7-44　输入并编辑图表数据

多学一招　　　　　　　在幻灯片中插入对象

新建幻灯片的正文占位符中通常包含"联机图片""图片""插入图标""插入SmartArt图形""3D模型""插入视频文件""插入表格""插入图表"等按钮，单击相应按钮可执行相应的插入操作。

（3）关闭"Microsoft PowerPoint中的图表"对话框，缩小图表至"上半年销售额对比"文本框的下方，再删除图表中的标题。

（4）选择图表，在其右侧单击"图表元素"按钮❖，在打开的列表中取消选择"网格线"复选框，如图7-45所示。

（5）在【图表设计】/【图表布局】组中单击"添加图表元素"按钮下方的下拉按钮，在打开的下拉列表中选择"数据标签"选项，在打开的子列表中选择"数据标签外"选项，如图7-46所示。

（6）在任意的数据系列上单击鼠标右键，在打开的下拉列表中单击"填充"按钮右侧的下拉按钮，在打开的下拉列表中选择"橙色，个性色2，淡色40%"选项，如图7-47所示。

（7）使用同样的方法在第5张幻灯片右侧的空白区域创建"2023年上半年产品销量情况"图表，如图7-48所示。

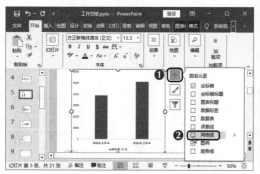

图7-45　取消网格线　　　　　　　　　　图7-46　添加数据标签

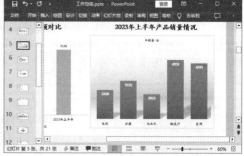

图7-47　设置数据系列填充颜色　　　　　　图7-48　创建"2023年上半年产品销量情况"图表

（8）选择第17张幻灯片，在左侧的空白区域创建三维饼图，并为其添加数据标签，以及应用"样式8"图表样式，然后在右侧的空白区域插入文本框并输入文字说明，如图7-49所示。

（9）选择第9张幻灯片，插入"2022年和2023年上半年产品销售明细"文本框后，在正文占位符中单击"插入表格"按钮，打开"插入表格"对话框，在"列数"数值微调框中输入"5"，在"行数"数值微调框中输入"16"，然后单击确定按钮，如图7-50所示。

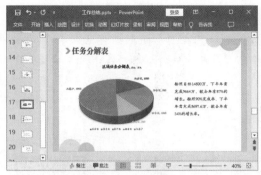

图7-49　第17张幻灯片的编辑效果

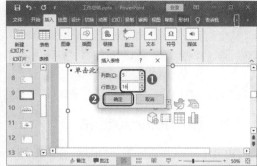

图7-50　插入表格

（10）在表格中输入数据后，全选表格，在【布局】/【对齐方式】组中单击"居中"按钮≡和"垂直居中"按钮≣，如图7-51所示。

（11）选择表格的第1行，在【开始】/【字体】组中设置字号为"14"，再选择表格的第2行至第16行，设置字号为"12"，接着在【布局】/【单元格大小】组中的"高度"数值微调框中输入"0.75厘米"，如图7-52所示。

图7-51　调整表格对齐方式

图7-52　设置表格高度

（12）将鼠标指针移到表格上方，当鼠标指针变成✥形状时，拖动鼠标将表格移动到"2022年和2023年上半年产品销售明细"文本框的下方。

（13）将鼠标指针移至第2列和第3列之间的分割线上，当鼠标指针变成↔形状时，向左拖动鼠标，如图7-53所示，使"2022年上半年销售金额/万元"文本呈一行显示。

（14）使用同样的方法调整其他列的列宽，然后在【表设计】/【表格样式】组中的"样式"列表框中选择"中度样式 3 - 强调 2"选项，如图7-54所示。

图7-53　调整表格列宽

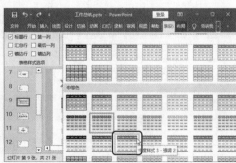

图7-54　选择表格样式

知识提示　　　　　　　　图表与表格的美化

　　在PowerPoint中插入图表与表格后，在其对应的"图表设计""格式""表设计""布局"选项卡中可对各元素进行编辑与美化，其操作方法与在Excel中的操作方法相同。

（五）插入SmartArt图形

插入 SmartArt 图形

　　SmartArt图形可以将抽象的概念和复杂的关系可视化，运用在演示文稿中，可以使演示文稿更加清晰、有趣和易于理解。插入SmartArt图形的具体操作如下。

　　（1）选择第12张幻灯片中的4行文本，在【开始】/【段落】组中单击"转换为 SmartArt"按钮右侧的下拉按钮，在打开的下拉列表中选择"其他SmartArt 图形"选项，如图7-55所示。

　　（2）打开"选择 SmartArt 图形"对话框，在左侧单击"矩阵"选项卡，在右侧选择"网格矩阵"选项，然后单击 确定 按钮，如图7-56所示。

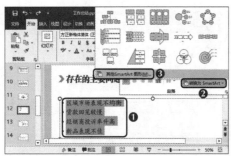

图7-55　选择"其他SmartArt 图形"选项　　　　图7-56　选择SmartArt图形样式

　　（3）返回演示文稿，可发现所选文本将自动填充至SmartArt图形中的4个形状中。

　　（4）选择SmartArt图形，在【SmartArt设计】/【SmartArt样式】组中单击"更改颜色"按钮下方的下拉按钮，在打开的下拉列表中选择"彩色范围 - 个性色 2 至 3"选项，如图7-57所示。

　　（5）保持SmartArt图形的选择状态，在【SmartArt设计】/【SmartArt样式】组中单击"快速样式"按钮下方的下拉按钮，在打开的下拉列表中选择"嵌入"选项，如图7-58所示，然后适当调整SmartArt图形的大小。

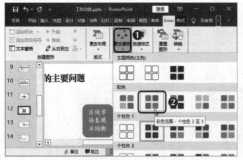

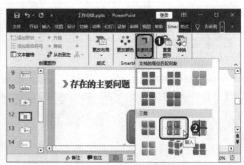

图7-57　更改SmartArt图形的颜色　　　　图7-58　为SmartArt图形应用样式

（六）插入图片

当幻灯片中的内容过少、留白过多时，可以巧妙地插入图片，以增加
幻灯片的层次感和节奏感，其具体操作如下。

微课视频

插入图片

（1）选择第7张幻灯片，然后在【插入】/【图像】组中单击"图片"
按钮下方的下拉按钮，在打开的下拉列表中选择"此设备"选项，如
图7-59所示。

（2）打开"插入图片"对话框，在左侧的导航窗格中选择图片的保存位置，在右侧的编辑区
中选择"图片1.png"，然后单击 插入(S) 按钮，如图7-60所示。

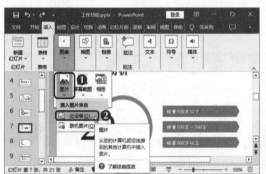

图7-59　选择"此设备"选项

图7-60　选择图片

（3）将图片移至半圆形状内，然后将鼠标指针移至图片的右下角，当鼠标指针变成形状
时，向右下角拖动鼠标，适当放大图片，如图7-61所示。

（4）选择第8张幻灯片，在右下角的空白区域绘制两个椭圆形状，然后将这两个椭圆
形状重叠，再自定义大椭圆的颜色参数为"173""185""202"，小椭圆的颜色参数为
"68""84""106"。

（5）使用同样的方法插入"图片2.png"，然后将其移至椭圆形状的上方，再在【图片格
式】/【大小】组中单击"裁剪"按钮，当图片四周出现裁剪框后，裁剪掉图片四周的空白部分，
如图7-62所示。

图7-61　调整图片

图7-62　裁剪图片

（6）在空白处单击，退出裁剪状态，然后选择图片，在【图片格式】/【调整】组中单击"删
除背景"按钮，激活"背景消除"选项卡。

（7）在【背景消除】/【优化】组中单击"标记要保留的区域"按钮，拖动鼠标在需要保留

的地方画线，完成后在【背景消除】/【关闭】组中单击"保留更改"按钮✔，关闭"背景消除"选项卡并保留所有更改，如图7-63所示。

> **多学一招**　　　　　　　　　　　　　　**重置图片**
>
> 在【图片格式】/【调整】组中单击"重置图片"按钮右侧的下拉按钮，在打开的下拉列表中选择"重置图片"选项，可取消图片的所有格式设置；选择"重置图片和大小"选项，可取消图片的格式和大小设置。

（8）保持图片的选择状态，在【图片格式】/【图片样式】组中单击"图片效果"按钮右侧的下拉按钮，在打开的下拉列表中选择"阴影"选项，在打开的子列表中选择"透视：下"选项，如图7-64所示。

图7-63　删除背景　　　　　　　　图7-64　设置图片效果

（9）在图片上方的空白处插入图7-65所示的形状和文本框，然后将图片和椭圆形状复制并粘贴至第13张幻灯片中。

（10）使用同样的方法在第20张幻灯片左侧的空白区域插入正圆形形状和"图片3.png"，再对图片进行编辑和美化，效果如图7-66所示。

图7-65　插入形状和文本框　　　　　图7-66　第20张幻灯片的效果

（七）插入音频

在某些演示场合下，为了吸引观众的注意力，可以尝试让幻灯片更加生动有趣。在制作幻灯片时，用户可以通过添加音乐或为幻灯片配音等方式来增强演示的趣味性，其具体操作如下。

（1）选择第1张幻灯片，在【插入】/【媒体】组中单击"音频"按钮下方的下拉按钮，在打开的下拉列表中选择"PC上的音频"选项，如

微课视频

插入音频

图7-67所示。

（2）打开"插入音频"对话框，在左侧的导航窗格中选择音频文件的保存位置，在右侧的编辑区中选择"背景音乐.mp3"，单击 插入(S) 按钮，如图7-68所示。

（3）插入音频后，第1张幻灯片中将显示音频的图标和播放控制条，此时可通过单击播放控制条中的"播放"按钮▶，或在【播放】/【预览】组中单击"播放"按钮▶来试听音频效果。

图7-67　选择"PC上的音频"选项

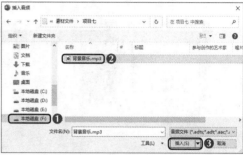

图7-68　选择音频文件

（4）选择音频图标，在【音频格式】/【调整】组中单击"颜色"按钮右侧的下拉按钮，在打开的下拉列表中选择"褐色"选项，如图7-69所示。

（5）保持音频图标的选择状态，在【播放】/【音频选项】组中选中"跨幻灯片播放""循环播放，直到停止"和"放映时隐藏"复选框，如图7-70所示，然后将音频图标移至幻灯片页面的右下角。

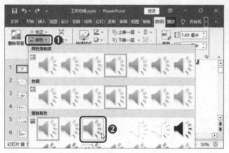

图7-69　设置音频图标颜色

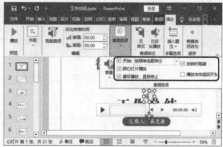

图7-70　设置音频选项

多学一招　　　　　　　　　　　　**裁剪音频**

　　如果音频的时间过长，那么用户可以选择音频图标，在【播放】/【编辑】组中单击"裁剪音频"按钮，打开"裁剪音频"对话框，在其中根据需要设置音频的开始播放时间和结束播放时间。

实训一　制作"竞聘述职报告"演示文稿

【实训要求】

　　如果公司计划从内部选拔和晋升人才，参与竞聘的竞聘者需要认真准备一份"竞聘述职报告"演示文稿。这份演示文稿不仅是他们用来展示自己能力和才华的重要途径，更是向公司展示自己可以为公司带来价值和贡献的关键工具。本实训制作完成后的演示文稿效果如图7-71所示。

素材所在位置 素材文件\项目七\竞聘述职报告\

效果所在位置 效果文件\项目七\竞聘述职报告.pptx

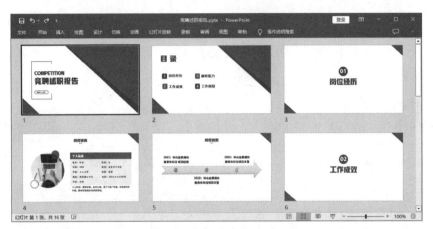

图 7-71 "竞聘述职报告"演示文稿

【实训思路】

竞聘述职报告是竞聘者因争取某个岗位，在竞聘会议上发表的一种文书。其报告内容主要包括竞聘优势、对竞聘岗位的认识、被聘任后的工作设想和计划等，需要围绕竞聘岗位进行阐述。在制作"竞聘述职报告"演示文稿时，配色要沉稳、大气，使用简洁明了的语言描述自身经历和成就，避免使用过于专业或晦涩难懂的术语。此外，竞聘者还应该注意报告的逻辑结构和条理性，确保内容清晰、有序，让评选人能够轻松理解和接受。

【步骤提示】

要完成本实训，需要先新建演示文稿，然后插入文本、文本框、图片、形状、图表等对象，最后将制作完成的演示文稿保存到计算机中。具体步骤如下。

（1）新建一个空白演示文稿，新建多张幻灯片后，分别在各张幻灯片中插入图标、形状、文本框、SmartArt图形等，然后根据显示的效果进行相应的编辑。

（2）将演示文稿以"竞聘述职报告"为名保存到计算机中。

实训二　编辑"中秋节"演示文稿

【实训要求】

金秋送爽，佳节将近，为了庆祝中秋，许多组织和个人会开展各种形式的庆祝活动和文艺表演，如家庭聚餐、赏月、观看文艺演出等。同时，可能还会通过制作中秋节的主题文案、海报和演示文稿等方式，传达祝福和喜悦之情。本实训制作完成后的演示文稿效果如图7-72所示。

素材所在位置 素材文件\项目七\中秋节\

效果所在位置 效果文件\项目七\中秋节.pptx

【实训思路】

　　中秋节作为我国的传统节日之一，具有丰富的文化内涵和深厚的历史底蕴。它主要起源于古代人民对月亮的崇拜，后来逐渐演变为象征团圆和祈福。中秋节不仅是一种传统的庆祝活动，更是一种文化的象征。因此，在制作"中秋节"演示文稿时，可以通过图片和文字等方式详细展示中秋节所蕴含的各种文化元素，如赏

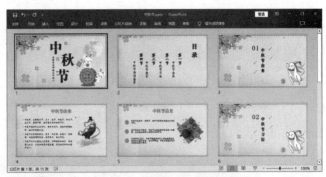

图 7-72 "中秋节"演示文稿

月、吃月饼、赏花灯等。同时，还可以介绍中秋节在不同地区、不同民族中的习俗和传统活动，以体现中华文化的多样性和丰富性。

【步骤提示】

　　要完成本实训，需要先打开素材演示文稿，然后设置幻灯片的背景，并通过插入艺术字、图片、形状、文本框等进行美化。具体步骤如下。

　　（1）打开"中秋节.pptx"演示文稿，将"图片1.png"作为第1张幻灯片的背景，再将其应用到所有幻灯片中。

　　（2）为幻灯片自定义标题字体和正文字体，再将第1张幻灯片中的"中秋节"标题占位符设置为艺术字样式。

　　（3）在各张幻灯片中插入形状、图片、文本框等来填充幻灯片页面。

课后练习

练习1：制作"创业计划书"演示文稿

　　本练习要求先新建模板演示文稿，然后在其中输入相关文本，再对演示文稿进行编辑美化。参考效果如图7-73所示。

素材所在位置　素材文件 \ 项目七 \ 创业计划书.txt

效果所在位置　效果文件 \ 项目七 \ 创业计划书.pptx

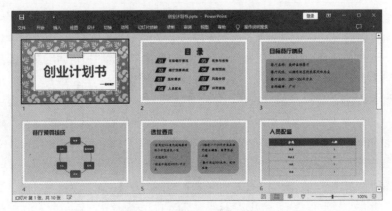

图 7-73 "创业计划书"演示文稿

操作要求如下。
- 启动PowerPoint，在"新建"界面选择并创建"肥皂"样式的演示文稿模板。
- 新建多张幻灯片，并在其中插入形状、文本框、SmartArt图形、表格等，然后将制作完成的演示文稿保存到计算机中。

练习2：制作"维护生态平衡"演示文稿

本练习要求在新建的演示文稿中先设置幻灯片背景，再插入形状、文本框、图片等。参考效果如图7-74所示。

图 7-74 "维护生态平衡"演示文稿

素材所在位置 效果文件\项目七\维护生态平衡\

效果所在位置 效果文件\项目七\维护生态平衡.pptx

操作要求如下。
- 新建并保存"维护生态平衡"演示文稿，新建5张幻灯片后，为第1张、第3张、第6张幻灯片自定义同一种背景颜色，为第2张、第4张、第5张幻灯片自定义另一种背景颜色。
- 在幻灯片中分别插入形状、文本框、图片等。其中部分图片需要去除背景颜色。

高效办公——使用讯飞星火认知大模型生成演示文稿模板

讯飞星火认知大模型除了可以撰写文本外，还可以生成演示文稿模板。当用户不想花费太多时间制作演示文稿时，便可以使用讯飞星火认知大模型生成演示文稿模板，然后将其下载下来，再根据实际情况进行修改。下面以使用讯飞星火认知大模型制作年终述职报告演示文稿模板为例，介绍讯飞星火认知大模型的使用方法。

1. 明确演示文稿的主题

在使用讯飞认知火星大模型制作演示文稿模板时，首先要明确演示文稿的主题，如工作总结、推广方案等，以确保输出的演示文稿模板符合使用需求。

2. 选择插件并输入要求

进入讯飞星火认知大模型主界面，在对话窗口中选中"PPT生成"复选框，再在下方的窗口中输入"请制作一份年终述职报告PPT模板"文本，然后单击 发送 按钮，如图7-75所示。

3. 预览演示文稿模板

待讯飞星火认知大模型生成演示文稿模板后，将显示演示文稿封面的预览效果，以及下载模板的链接，如图7-76所示。

图7-75　选择插件并输入要求　　　　　　　　　图7-76　预览演示文稿模板

4. 下载演示文稿模板

单击"点击下载"超链接，打开"PPT生成"对话框，在其中单击 点击下载 按钮，便可将该模板下载至设置的保存位置，效果如图7-77所示。

图7-77　演示文稿效果

5. 修改演示文稿

根据需要对该演示文稿模板进行删减幻灯片、修改文本等操作，然后将最终的演示文稿重命名并保存到计算机中。

项目八
幻灯片设置与放映输出

情景导入

　　随着米拉制作演示文稿的水平逐渐提高，老洪开始将许多与制作演示文稿相关的工作交给她处理，但米拉有时会好奇，那种可以相互切换的演示文稿是怎么制作出来的？又怎么将演示文稿转换为图片？她希望能够实现这些效果，但不知从何入手。此时老洪告诉米拉，要实现这些效果，就需要学会运用一些高级的演示文稿制作工具。通过这些工具，可以灵活地设置各种动画效果、转场效果和交互功能，从而制作出更加生动、有趣的演示文稿。

学习目标

- 掌握设置幻灯片的方法。

掌握设置页面大小、使用母版编辑幻灯片、添加幻灯片切换效果、设置对象动画效果等操作。

- 掌握放映输出幻灯片的方法。

掌握创建超链接和动作按钮、设置排练计时、设置放映方式、定位幻灯片、为幻灯片添加注释，以及输出演示文稿等操作。

素质目标

- 培养审美意识与提高审美能力，提升对艺术、设计和美学等领域的欣赏和理解能力。
- 定期对自己的学习和成长进行反思和总结，找出不足之处并制订改进计划，不断提高自己的标准和要求，实现个人价值最大化。

案例展示

▲"保护环境"演示文稿效果　　　　　　▲"消防安全"演示文稿效果

任务一　设置"礼仪培训"演示文稿

　　为了规范新进员工在日常工作中的行为，使其在对外活动中展示良好的公司形象，公司准备在近期开展一场礼仪培训活动。于是老洪将制作礼仪培训演示文稿的工作交给了米拉，并要求米拉将演示文稿中的内容动态展示出来。本任务的参考效果如图8-1所示。

素材所在位置　素材文件＼项目八＼礼仪培训.pptx、背景.jpg、图片1.png、图片2.png

效果所在位置　效果文件＼项目八＼礼仪培训.pptx

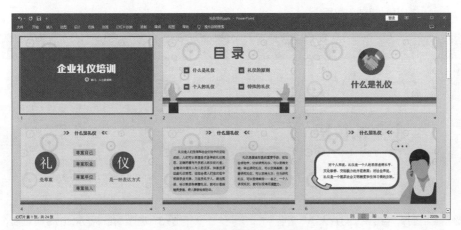

图 8-1　"礼仪培训"演示文稿

一、任务描述

（一）任务背景

　　礼仪培训是指通过专门的培训活动，向个人或组织介绍有关礼仪规范、行为准则和社交礼仪等方面的知识和技巧。其目的是帮助被培训对象提高社交能力，增强自信心和自尊心，从而更好地适应社交环境并建立良好的社交关系。通过参与礼仪培训，参与者可以学习不同场合的礼仪规范和行为准则，以展示专业素养和尊重他人的态度。在制作"礼仪培训"演示文稿时，可以通过母版设计简洁、清晰的布局，避免杂乱的视觉效果，使内容更加突出。还可以根据需要添加一些基本的动画和转场效果，使幻灯片切换更加流畅和吸引人，但注意不要过度使用，以免分散观众的注意力。本任务将设置"礼仪培训"演示文稿，用到的操作主要有设置页面大小、使用母版编辑幻灯片、添加幻灯片切换效果、设置对象动画效果等。

（二）任务目标

　　（1）能够设置幻灯片页面大小，并通过母版统一演示文稿的效果。
　　（2）能够为幻灯片或幻灯片中的对象添加合适的动画效果，使幻灯片或幻灯片对象衔接得更加自然。

二、任务实施

（一）设置页面大小

PowerPoint的页面大小一般默认为"宽屏(16:9)"，而常见的投影仪的屏幕显示比例主要有4:3、16:9、16:10等。因此，在放映演示文稿时，用户可以根据投影仪的屏幕显示比例、是否全屏显示等情况调整幻灯片的页面大小，其具体操作如下。

微课视频

设置页面大小

（1）打开"礼仪培训.pptx"演示文稿，在【设计】/【自定义】组中单击"幻灯片大小"按钮▢下方的下拉按钮✓，在打开的下拉列表中选择"自定义幻灯片大小"选项，如图8-2所示。

（2）打开"幻灯片大小"对话框，在"幻灯片大小"下拉列表框中选择"全屏显示(16:9)"选项，单击 确定 按钮，如图8-3所示。

图8-2 选择"自定义幻灯片大小"选项

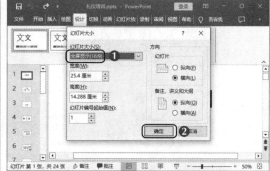

图8-3 选择"全屏显示(16:9)"选项

（3）返回演示文稿，可以明显发现幻灯片的页面大小发生改变，此时幻灯片中的内容位置会有略微的变化，应适当调整。

（二）使用母版编辑幻灯片

在制作演示文稿时，为了使所有幻灯片的风格统一，用户可以通过幻灯片母版来制作具有统一标志、背景的幻灯片版式，其具体操作如下。

微课视频

使用母版编辑幻灯片

（1）在【视图】/【母版视图】组中单击"幻灯片母版"按钮▢，进入幻灯片母版编辑状态，如图8-4所示。

（2）选择第1张幻灯片，在【幻灯片母版】/【背景】组中单击"背景样式"按钮🖼右侧的下拉按钮✓，在打开的下拉列表中选择"设置背景格式"选项，如图8-5所示。

> **知识提示** 　　　　　　　　　　　　　设置主题
>
> 　　　　主题是幻灯片标题格式和背景样式的集合，在【设计】/【主题】组中单击"主题"按钮▤，在打开的下拉列表中可为演示文稿快速设置主题。另外，在【设计】/【变体】组中也可通过设置颜色、字体、效果、背景样式等方式来自定义当前主题的外观。

图8-4　进入幻灯片母版编辑状态

图8-5　选择"设置背景格式"选项

（3）打开"设置背景格式"任务窗格，在"填充"栏中选中"图片或纹理填充"单选项，再单击 插入(R)... 按钮，如图8-6所示。

（4）打开"插入图片"对话框，选择"来自文件"选项，如图8-7所示，打开"插入图片"对话框，在左侧的导航窗格中选择图片的保存位置，在右侧的编辑区中选择"背景.jpg"图片，然后单击 插入(S) ▼ 按钮，如图8-8所示。

图 8-6　设置图片填充

图 8-7　"插入图片"对话框

（5）关闭"设置背景格式"任务窗格，然后在第1张幻灯片下方绘制一个高度为"0.76厘米"、宽度为"25.4厘米"、填充颜色为"蓝色，个性色 1"、形状轮廓为"无轮廓"的矩形形状。

（6）复制粘贴绘制的矩形形状，将其移至原矩形形状的上方，再将其填充颜色修改为"蓝色，个性色 1，淡色 80%"，然后在粘贴的矩形形状上单击鼠标右键，在弹出的快捷菜单中选择"设置形状格式"命令，如图8-9所示。

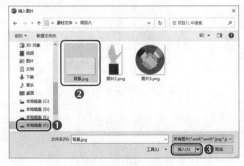

图8-8　选择背景图片

图8-9　选择"设置形状格式"命令

（7）打开"设置形状格式"任务窗格，在"填充"栏的"透明度"数值微调框中输入

"45%"，如图8-10所示。

（8）选择第2张幻灯片，在【幻灯片母版】/【背景】组中选中"隐藏背景图形"复选框，如图8-11所示，隐藏下方的矩形形状。

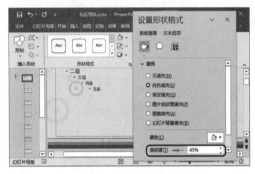

图8-10　设置形状透明度

图8-11　隐藏背景图形

（9）保持第2张幻灯片的选择状态，在幻灯片页面的中间绘制一个高度为"10.07 厘米"、宽度为"25.4 厘米"、填充颜色为"蓝色，个性色 1"、形状轮廓为"无轮廓"的矩形形状，再多次单击"下移一层"按钮，使其置于标题占位符和副标题占位符的下方、背景图片的上方。

（10）选择矩形形状，在"设置形状格式"任务窗格单击"效果"按钮，展开"阴影"栏，在"预设"下拉列表框中选择"偏移：下"选项，在"透明度"数值微调框中输入"76%"，在"模糊"数值微调框中输入"5 磅"，在"距离"数值微调框中输入"6 磅"，如图8-12所示。

（11）关闭"设置形状格式"任务窗格，然后在【幻灯片母版】/【编辑母版】组中单击"插入版式"按钮，第2张幻灯片下方将插入一张新的幻灯片，删除其中的标题占位符，再使用与步骤（8）同样的方法隐藏背景图形。

（12）在第3张幻灯片下方绘制两个与幻灯片页面长度一致的矩形，再分别设置其填充颜色，然后使用同样的方法在幻灯片页面的中间插入"图片1.png"图片，如图8-13所示。其中，右图由左图翻转得到。

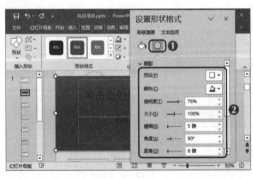

图8-12　设置阴影

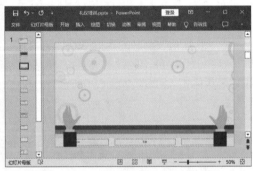

图8-13　编辑幻灯片版式（1）

（13）复制第3张幻灯片，删除其中的图片，再在该张幻灯片的中间插入"图片2.png"图片，如图8-14所示。

（14）在【幻灯片母版】/【关闭】组中单击"关闭母版视图"按钮，退出幻灯片母版编辑状态。

（15）返回演示文稿后，选择第1张幻灯片，将其中的文本颜色和图标颜色均修改为"白色，背景 1"，然后选择第2张幻灯片，在【开始】/【幻灯片】组中单击"版式"按钮▦右侧的下拉按钮▾，在打开的下拉列表中选择"自定义版式"选项，如图8-15所示。

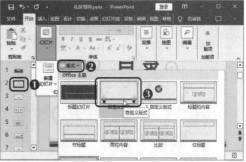

图8-14　编辑幻灯片版式（2）　　　　　　图8-15　应用幻灯片母版

（16）为第3、7、11、18张幻灯片应用"1_自定义版式"，为第23张幻灯片应用"自定义版式"，为第24张幻灯片应用"标题幻灯片"版式，再删除该版式默认的标题占位符和副标题占位符。

知识提示　　　　　　　　　　　　**输入页脚**

　　进入幻灯片母版视图后，在幻灯片下方可以看到几个文本框，其可用于输入页脚内容。如果要在普通视图中添加页脚，需要在【插入】/【文本】组中单击"页眉和页脚"按钮▤，在打开的"页眉和页脚"对话框中进行相应设置。

（三）添加幻灯片切换效果

　　幻灯片切换效果是从一张幻灯片切换到另一张幻灯片时的动态视觉显示效果，这种效果可以增加幻灯片的吸引力和视觉冲击力，使演示文稿更具生动性和流畅性。添加幻灯片切换效果的具体操作如下。

　　（1）选择第1张幻灯片，在【切换】/【切换到此幻灯片】组中单击"切换效果"按钮▦下方的下拉按钮▾，然后在打开的下拉列表中选择"平滑"选项，如图8-16所示。

　　（2）在【切换】/【切换到此幻灯片】组中单击"效果选项"按钮▦下方的下拉按钮▾，在打开的下拉列表中选择"文字"选项，如图8-17所示。

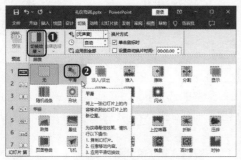

图8-16　选择切换效果　　　　　　　图8-17　设置切换效果选项

（3）在【切换】/【计时】组中的"声音"下拉列表框中选择"风铃"选项，在"持续时间"

数值微调框中输入"01.75"，再单击"应用到全部"按钮，如图8-18所示。

（4）在【切换】/【预览】组中单击"预览"按钮，预览幻灯片的切换效果，如图8-19所示。

图8-18　设置切换效果的声音及速度　　　　　图8-19　预览切换效果

（四）设置对象动画效果

为了使演示文稿中某些需要强调或关键的对象，如文字或图片等，在放映过程中能够生动地展示，用户可以为这些对象添加合适的动画效果，其具体操作如下。

（1）选择第1张幻灯片中的"企业礼仪培训"文本，在【动画】/【动画】组中单击"动画样式"按钮★下方的下拉按钮，在打开的下拉列表中选择"更多进入效果"选项，如图8-20所示。

（2）打开"更改进入效果"对话框，选择"向内溶解"选项，单击 确定 按钮，如图8-21所示。

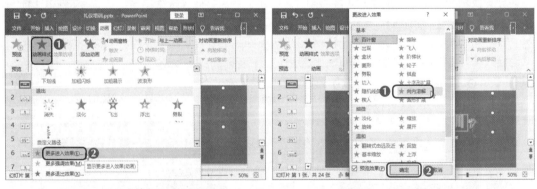

图8-20　选择"更多进入效果"选项　　　　　图8-21　选择进入动画

（3）返回演示文稿后，保持"企业礼仪培训"文本的选择状态，在【动画】/【高级动画】组中单击"添加动画"按钮★下方的下拉按钮，在打开的下拉列表中选择"字体颜色"选项，如图8-22所示。

（4）在【动画】/【动画】组中单击"效果选项"按钮A下方的下拉按钮，在打开的下拉列表中选择"橙色，个性色2，淡色60%"选项，如图8-23所示。

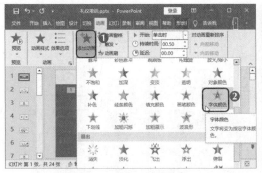

图8-22　选择"字体颜色"选项

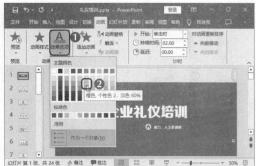

图8-23　设置字体颜色

（5）在【动画】/【高级动画】组中单击"动画窗格"按钮🔊，打开"动画窗格"任务窗格，然后在第1个动画效果上单击鼠标右键，在弹出的快捷菜单中选择"效果选项"选项，如图8-24所示。

（6）打开"向内溶解"对话框，在"声音"下拉列表框中选择"鼓声"选项，然后单击"音量"按钮🔊，在打开的下拉列表中拖动鼠标设置声音大小，最后单击 确定 按钮，如图8-25所示。

知识提示　　　　　　　　　　　　**各种动画类型的释义**

PowerPoint提供了"进入""强调""退出""动作路径"4种类型的动画。其中，进入动画在放映时，对象最初并不在幻灯片编辑区中，而是从其他位置，通过其他方式进入幻灯片；强调动画的对象在放映过程中不是从无到有的，而是一开始就存在于幻灯片中，放映时，对象颜色和形状会发生变化；退出动画在放映时，对象将以动态的方式从幻灯片编辑中消失或离开；动作路径动画在放映时，对象将沿着指定的路径进入幻灯片编辑区的相应位置，这类动画比较灵活，能够使画面千变万化。

图8-24　选择"效果选项"选项　　　　　　　　　图8-25　设置动画声音

（7）在"动画窗格"任务窗格中选择第2个动画选项，并单击鼠标右键，在弹出的快捷菜单中选择"动画效果"选项，打开"字体颜色"对话框，在"样式"下拉列表框中选择第3个选项，如图8-26所示，然后单击 确定 按钮。

（8）返回演示文稿，在"动画窗格"任务窗格中同时选择"企业礼仪培训"文本的两个动画效果，在【动画】/【计时】组中的"开始"下拉列表框中选择"与上一动画同时"选项，在"持续时间"数值微调框中输入"02.00"，如图8-27所示。

图8-26　设置动画样式　　　　　　　图8-27　设置动画开始播放时间和持续时间

（9）使用同样的方法设置该张幻灯片中其他对象的动画效果，并为其他幻灯片中的对象设置动画效果。

多学一招　　　　　　　　　**使用动画刷复制动画效果**

选择幻灯片中已设置好动画效果的对象，在【动画】/【高级动画】组中单击"动画刷"按钮，此时鼠标指针将变成形状，将鼠标指针移动到需要应用同一种动画效果的对象上，然后单击，即可为该对象应用相同的动画效果。

任务二　放映与输出"保护环境"演示文稿

保护环境对于企业而言，不仅关乎履行社会责任、维护良好形象，更牵涉企业的可持续发展和利润增长。因此，为了深化员工对保护环境的认识并付诸实践，公司决定举行为期两个月的保护环境主题活动。在此之前，米拉需要对制作完成的"保护环境"演示文稿进行放映设置，并在活动结束后通过不同的方式将其发送给公司员工。本任务的参考效果如图8-28所示。

图8-28　"保护环境"演示文稿

素材所在位置　素材文件＼项目八＼保护环境.pptx

效果所在位置　效果文件＼项目八＼保护环境＼

一、任务描述

（一）任务背景

保护环境是指人类为解决现实或潜在的环境问题，协调人类与环境的关系，保障经济社会的持续发展而采取的各种行动的总称。通过制作"保护环境"演示文稿，可以展示保护环境的重要性，提供环保行动的建议和方法，鼓励人们积极参与环保行动。在放映与输出"保护环境"演示文稿时，要根据演示文稿的长度和内容，制订合理的放映计划，再将演示文稿备份保存到不同的存储介质中，以防意外丢失或损坏。本任务将放映与输出"保护环境"演示文稿，用到的操作主要有创建超链接和动作按钮、设置排练计时、设置放映方式、定位幻灯片、为幻灯片添加注释、输出演示文稿等。

（二）任务目标

（1）能够创建超链接和动作按钮，切换放映的幻灯片。
（2）能够对演示文稿进行排练计时和放映方式设置，使幻灯片按照预先的设置自动播放。
（3）能够在放映时跳转到指定的幻灯片，并标记重点内容。
（4）能够按照要求将演示文稿输出为不同格式的文件。

二、任务实施

（一）创建超链接和动作按钮

通过超链接和动作按钮，用户可以在放映演示文稿的过程中实现幻灯片之间的交互，快速跳转到指定的幻灯片，其具体操作如下。

（1）选择第2张幻灯片中的"环保常识篇"文本框，在【插入】/【链接】组中单击"链接"按钮🌐，打开"插入超链接"对话框，在"链接到"栏中选择"本文档中的位置"选项，在"请选择文档中的位置"列表框中选择"3.幻灯片 3"选项，然后单击 确定 按钮，如图8-29所示。

微课视频
创建超链接和动作按钮

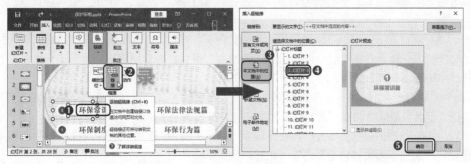

图8-29　创建超链接

知识提示　　　　　　　　　　　　**关联对象**

在"插入超链接"对话框中的"链接到"栏中选择"现有文件或网页"选项，可链接到当前演示文稿或指定的网页；选择"新建文档"选项，可链接到另一个演示文稿；选择"电子邮件地址"选项，可链接到某个电子邮件。

（2）返回演示文稿，使用相同的方法将"环保制度篇"文本框链接到第12张幻灯片，将"环保法律法规篇"文本框链接到第20张幻灯片，将"环保行为篇"文本框链接到第24张幻灯片。

（3）选择"环保行为篇"文本框，单击鼠标右键，在弹出的快捷菜单中选择"打开链接"命令，系统将自动切换到与该文本框相关联的幻灯片，如图8-30所示。

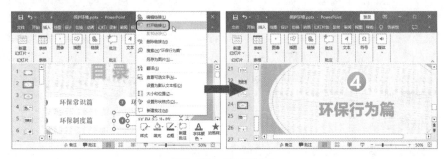

图8-30　打开超链接

多学一招　　　　　　　　　　　　　**添加动作**

选择需要添加动作的对象，在【插入】/【链接】组中单击"动作"按钮★，打开"操作设置"对话框，在"单击鼠标"选项卡中选中"超链接到"单选项，再在下方的下拉列表框中选择动作链接的对象，然后单击 确定 按钮，便可设置单击鼠标时要执行的跳转操作。若在"超链接到"单选项下方的下拉列表框中选择"其他文件"选项，则将打开"超链接到其他文件"对话框，在其中选择需要链接的文件后，单击 打开(O) 按钮，便可在放映幻灯片时通过单击对象打开链接的文件。

（4）选择第4张幻灯片，在【插入】/【插图】组中单击"形状"按钮⬠下方的下拉按钮▾，在打开的下拉列表中选择"动作按钮：后退或前一项"选项，然后在页面右下角绘制动作按钮。绘制完成后，系统将自动打开"操作设置"对话框，保持默认设置，单击 确定 按钮，如图8-31所示。

（5）使用同样的方法在"动作按钮：后退或前一项"形状右侧绘制"动作按钮：前进或下一项""动作按钮：转到开头""动作按钮：转到结尾"形状，并分别将其链接到下一张幻灯片、第一张幻灯片和最后一张幻灯片。

（6）同时选择4个形状，在【形状格式】/【大小】组的"高度"数值微调框中输入"1.4 厘米"，在"宽度"数值微调框中输入"1.7 厘米"，如图8-32所示。

（7）保持动作按钮的选择状态，在【形状格式】/【形状样式】组的"样式"列表框中选择"细微效果 - 灰色，强调颜色 3"选项，如图8-33所示。

图8-31　绘制动作按钮

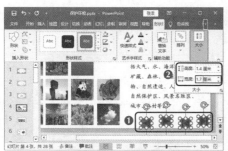

图8-32　设置动作按钮的高度和宽度　　　　图8-33　设置动作按钮样式

（8）在【形状格式】/【排列】组中单击"对齐"按钮下方的下拉按钮，在打开的下拉列表中选择"底端对齐"选项，再选择"横向分布"选项，使4个动作按钮整齐排列，然后将设置完成的4个动作按钮复制并粘贴至第5~11、13~19、21~23、25~28张幻灯片中。

（二）设置排练计时

排练计时的功能是记录每张幻灯片的放映时长。当演讲者放映演示文稿时，系统会按照排练的时间和顺序自动进行放映。这样，演讲者可以专心演讲，而不用进行切换幻灯片等操作。设置排练计时的具体操作如下。

（1）在【幻灯片放映】/【设置】组中单击"排练计时"按钮，进入第1张幻灯片的排练计时状态，如图8-34所示。

（2）第1张幻灯片录制完成后，单击，或单击"录制"工具栏中的"下一项"按钮，系统将切换到第2张幻灯片，且"录制"工具栏中的时间将重新开始计时，如图8-35所示。

微课视频
设置排练计时

知识提示　　　　　　　　**控制排练计时**

在"录制"工具栏中单击"暂停"按钮可暂停排练计时；单击"重复"按钮可重新开始计时；按【Esc】键可退出排练计时。

如果要取消排练计时，需要在【切换】/【计时】组中取消选中"设置自动换片时间"复选框，删除右侧数值微调框中的数值，再单击该组中的"应用到全部"按钮，取消整个演示文稿的排练计时。

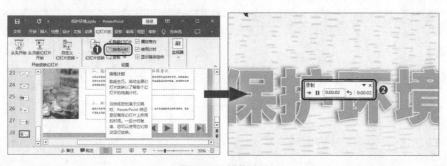

图8-34　排练计时

（3）使用同样的方法为其他幻灯片进行排练计时。当所有幻灯片都放映结束后，屏幕上将弹出"幻灯片放映共需0:02:14。是否保留新的幻灯片计时？"提示对话框，单击按钮进行保存，如图8-36所示。

图8-35　继续排练计时

图8-36　保存排练计时

（三）设置放映方式

根据放映目的和场合的不同，演示文稿的放映方式也会有所不同。一般来讲，设置放映方式包括设置幻灯片的放映类型、放映选项、放映幻灯片的范围及换片方式等，其具体操作如下。

（1）在【幻灯片放映】/【开始放映幻灯片】组中单击"自定义幻灯片放映"按钮下方的下拉按钮，在打开的下拉列表中选择"自定义放映"选项，如图8-37所示。

（2）打开图8-38所示的"自定义放映"对话框，单击 新建(N)... 按钮，打开"定义自定义放映"对话框，在"幻灯片放映名称"文本框中输入"主要内容"文本，在"在演示文稿中的幻灯片"列表框中选中除第3、12、20、24张幻灯片外的其余所有幻灯片，单击 添加(A) 按钮将其添加到"在自定义放映中的幻灯片"列表框中，然后单击 确定 按钮，如图8-39所示。

（3）返回"自定义放映"对话框，单击 关闭(C) 按钮，返回演示文稿。

（4）在【幻灯片放映】/【设置】组中单击"设置幻灯片放映"按钮，打开"设置放映方式"对话框，在"放映类型"栏中选中"演讲者放映(全屏幕)"单选项，在"放映选项"栏中选中"循环放映，按 ESC 键终止"复选框，在"放映幻灯片"栏中选中"自定义放映"单选项，在下方的下拉列表框中选择"主要内容"选项，在"推进幻灯片"栏中选中"如果出现计时，则使用它"单选项，然后单击 确定 按钮，如图8-40所示。

图 8-37　选择"自定义放映"选项

图 8-38　"自定义放映"对话框

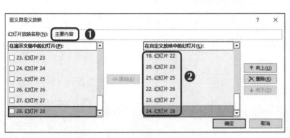

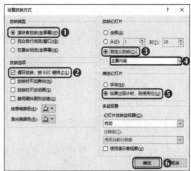

图8-39　自定义放映的幻灯片　　　　　　　图8-40　设置放映方式

知识提示　　　　　　　　　　**"自定义放映"对话框**

在"自定义放映"对话框中单击 编辑(E)... 按钮，可在打开的"定义自定义放映"对话框中重新选择放映的幻灯片；单击 删除(R) 按钮，可将选择的自定义放映删除；单击 复制(Y) 按钮，可复制选择的自定义放映，即创建所选自定义放映的副本；单击 放映(S) 按钮，可按照设置的自定义放映开始放映。

（5）返回演示文稿后，按【F5】键或在【放映】/【开始放映幻灯片】组中单击"从头开始"按钮🎬，使演示文稿放映自定义放映的幻灯片。

多学一招　　　　　　　　　　**隐藏幻灯片**

对于演示文稿中不需要放映的幻灯片，可以在【幻灯片放映】/【设置】组中单击"隐藏幻灯片"按钮🔲，将其隐藏。此时，"幻灯片"浏览窗格中对应的幻灯片编号将被填充为灰色并添加斜线，表示不放映该张幻灯片。

（四）定位幻灯片

微课视频

定位幻灯片

默认状态下，演示文稿是以幻灯片的顺序放映的。但在实际放映过程中，演讲者通常会使用快速定位功能选择其他幻灯片，使用这种方式可以在任意幻灯片之间切换，如从第1张幻灯片切换到第5张幻灯片等，其具体操作如下。

（1）在状态栏中单击"幻灯片放映"按钮🖥，进入演示文稿的放映状态。

（2）单击鼠标右键，在弹出的快捷菜单中选择"查看所有幻灯片"命令，在打开的窗口中单击任意幻灯片，可跳转到对应的幻灯片（由于设置了自定义放映，因此该窗口中的幻灯片数量与实际的幻灯片数量不符），如图8-41所示。

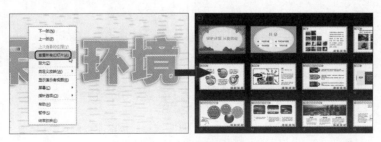

图8-41　定位幻灯片

多学一招　　　　　　**通过键盘或鼠标控制放映**

在放映幻灯片的过程中，按数字键输入需要定位的幻灯片编号，再按【Enter】键，可快速切换到该张幻灯片；按【Space】键可切换到下一页。另外，通过滚动鼠标滚轮也可移动上下页。

（五）为幻灯片添加注释

微课视频

为幻灯片添加注释

在演示文稿的放映过程中，演讲者若想突出幻灯片中的某些重要内容，则可以通过在屏幕上添加下画线和圆圈等注释来勾画重点，其具体操作如下。

（1）进入幻灯片放映状态，当放映到第22张幻灯片时（自定义放映状态下的幻灯片编号），单击鼠标右键，在弹出的快捷菜单中选择"指针选项"命令，在弹出的子菜单中选择"荧光笔"命令，如图8-42所示。

（2）再次单击鼠标右键，在弹出的快捷菜单中选择"指针选项"命令，在弹出的子菜单中选择【墨迹颜色】/【红色】命令，如图8-43所示。

（3）当鼠标指针变成▌形状时，通过拖动鼠标标记该张幻灯片中的重点内容，如图8-44所示。

（4）使用同样的方法为其他内容添加注释。若想退出标注状态，可再次单击鼠标右键，在弹出的快捷菜单中选择"指针选项"命令，在弹出的子菜单中选择"荧光笔"命令。

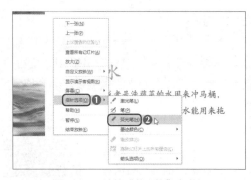

图8-42　选择"荧光笔"命令

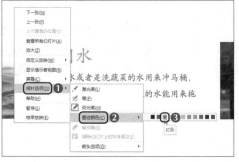

图8-43　选择颜色

（5）演示文稿放映结束后，按【Esc】键退出放映状态，此时将打开"是否保留墨迹注释？"提示对话框，如图8-45所示，单击 保留(K) 按钮，墨迹注释就会显示在幻灯片中。

图8-44　标记内容

图8-45　保存墨迹注释

知识提示 **放映页面左下角的工具栏**

进入放映状态后，左下角将显示放映工具栏，其功能应用与快捷菜单对应。其中，◀按钮用于切换到上一张幻灯片；▶按钮用于切换到下一张幻灯片；✎按钮对应"指针选项"命令；▦按钮用于查看所有幻灯片；🔍按钮用于放大查看幻灯片内容；⋯按钮对应快捷菜单中除指针选项外的命令。

（六）输出演示文稿

根据不同的用途，演示文稿的格式要求也有所不同。在PowerPoint中，用户可以根据实际需求，将制作好的演示文稿导出为特定的格式，以便更好地实现共享，其具体操作如下。

微课视频
输出演示文稿

（1）选择【文件】/【导出】命令，打开"导出"界面，选择"创建PDF/XPS文档"选项，单击"创建PDF/XPS"按钮📄，如图8-46所示。

（2）打开"发布为PDF或XPS"对话框，设置好文件的保存地址和文件名后，单击 选项(O)... 按钮，如图8-47所示。

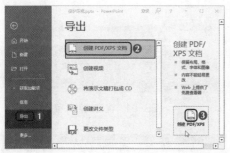

图8-46　将演示文稿导出为PDF文件

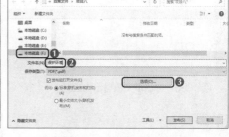

图8-47　设置文件保存参数

（3）打开"选项"对话框，在"范围"栏中选中"全部"单选项，在"发布选项"栏中选中"包括隐藏的幻灯片""包含备注""包括墨迹"复选框，然后单击 确定 按钮，如图8-48所示。

（4）返回"发布为PDF或XPS"对话框，单击 发布(S) 按钮开始发布。如果计算机中安装有PDF阅读器，那么当文件发布完成后，系统将自动用PDF阅读器打开发布的文件，用户可在其中通过拖动右侧的滚动条或滚动鼠标滚轮来依次查看每张幻灯片的导出效果，如图8-49所示。

图8-48　设置导出选项

图8-49　查看导出效果

（5）选择【文件】/【导出】命令，打开"导出"界面，选择"创建视频"选项，再单击"创建视频"按钮，如图8-50所示。

（6）打开"另存为"对话框，在地址栏中设置文件的保存地址，在"文件名"下拉列表框中保持默认名称，在"保存类型"下拉列表框中选择"Windows Media 视频(*.wmv)"选项，然后单击 保存(S) 按钮，如图8-51所示。

（7）此时系统将开始导出视频，导出完成后，便可在保存位置双击文件以查看导出的视频文件效果。

（8）选择【文件】/【导出】命令，打开"导出"界面，选择"将演示文稿打包成 CD"选项，再单击"打包成 CD"按钮，如图8-52所示。

（9）打开"打包成 CD"对话框，单击 复制到文件夹(F)... 按钮，打开"复制到文件夹"对话框，在其中设置好文件夹名称和保存位置后，单击 确定 按钮，如图8-53所示。

图8-50　将演示文稿导出为视频　　　　图8-51　设置文件保存类型

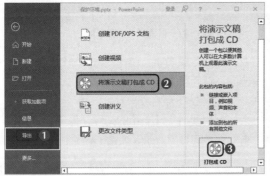

图8-52　打包演示文稿　　　　图8-53　设置打包参数

（10）在打开的提示对话框中单击 是(Y) 按钮，如图8-54所示，此时系统将开始导出CD文件，导出完成后，便可在保存位置双击文件以查看导出的CD文件。

（11）选择【文件】/【导出】命令，打开"导出"界面，选择"更改文件类型"选项，再选择"PNG 可移植网络图形格式(*.png)"选项，如图8-55所示。

图8-54 确认打包

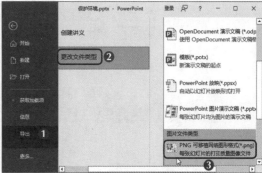

图8-55 将演示文稿导出为图片

（12）打开"另存为"对话框，在地址栏中设置文件的保存地址，在"文件名"下拉列表框中保持默认名称，然后单击 保存(S) 按钮，如图8-56所示。

（13）此时将打开"您希望导出哪些幻灯片？"提示对话框，单击 所有幻灯片(A) 按钮，如图8-57所示，便可在保存位置查看导出的图片。

图8-56 设置文件保存参数

图8-57 导出所有幻灯片

实训一　设置"消防安全"演示文稿

【实训要求】

随着现代社会的不断发展，消防安全教育的重要性日益凸显。为了增强公众的消防安全意识和提高其自我保护能力，各类单位如学校、社区和公司等都会定期或不定期地开展消防安全教育活动。在这些活动中，制作并展示以消防安全为主题的演示文稿是一种常见且有效的方式。通过图文并茂的形式，"消防安全"演示文稿可以让公众更深刻地认识到火灾的危害性，从而增强他们的消防安全意识。本实训制作完成后的演示文稿效果如图8-58所示。

素材所在位置　素材文件＼项目八＼消防安全＼
效果所在位置　效果文件＼项目八＼消防安全.pptx

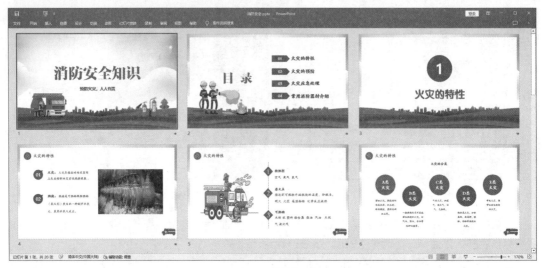

图 8-58 "消防安全"演示文稿

【实训思路】

　　"消防安全"演示文稿是一种用于展示和传达消防安全知识与技能的文稿，它通常以幻灯片、图表、文字说明等形式呈现，用于在各种场合向学生、员工或其他特定群体进行消防安全教育和宣传。制作"消防安全"演示文稿时，应保证内容准确、语言简洁明了、图文并茂、结构清晰，同时要注意使用通俗易懂的语言和表达方式，以便公众能够轻松理解和接受。

【步骤提示】

　　要完成本实训，需要先打开素材演示文稿，然后为幻灯片设置母版背景，以及为幻灯片添加切换效果，为幻灯片中的对象添加动画效果。具体步骤如下。

　　（1）打开"消防安全.pptx"演示文稿，进入幻灯片母版视图，在其中设计幻灯片母版版式。

　　（2）为第1张幻灯片添加切换动画，并设置切换方向和切换时间，完成后将其应用到所有幻灯片中。

　　（3）为第1张幻灯片中的对象添加动画，并设置动画属性、动画计时和动画播放顺序，然后使用同样的方法为其他幻灯片中的对象添加合适的动画。

实训二　放映输出"散文课件"演示文稿

【实训要求】

　　当老师准备授课时，需要提前制作课件演示文稿。这类演示文稿通常需要有清晰的结构和逻辑，并按照章节或知识点进行组织。在放映演示文稿之前，需要确定演示文稿的放映场合，再进行放映设置，然后将其导出为视频。本实训制作完成后的演示文稿效果如图8-59所示。

素材所在位置　素材文件＼项目八＼散文课件.pptx

效果所在位置　效果文件＼项目八＼散文课件.pptx、散文课件.mp4

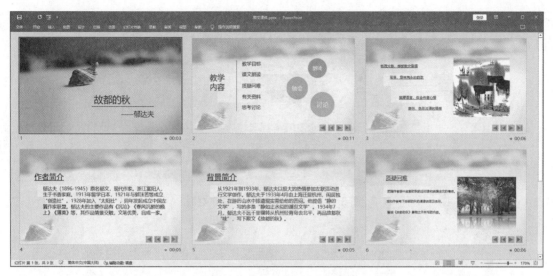

图 8-59 "散文课件"演示文稿

【实训思路】

"散文课件"演示文稿是一种结合课件和散文作品的演示文稿，其通过精心设计的排版、插图等方式，使得散文作品更加生动、形象地呈现出来。它的目的是引导学生阅读、理解和欣赏散文，进而提高他们的语文素养和文学素养。在放映输出"散文课件"演示文稿时，要确认每张幻灯片的内容和顺序是否正确，以确保演示文稿的连贯性和完整性。其次，在放映过程中，要控制幻灯片切换的效果和节奏，尽量避免过于突兀或频繁地转换，以保证学生的视觉体验和阅读、理解效果。

【步骤提示】

要完成本实训，需要先打开素材演示文稿，然后创建并设置动作按钮，以及设置排练计时，最后放映演示文稿并输出。具体步骤如下。

（1）打开"散文课件.pptx"演示文稿，在第2~8张幻灯片右下角添加动作按钮，设置并保存排练计时。

（2）在放映过程中对幻灯片中的重点内容进行标记。

（3）将演示文稿输出为视频格式。

课后练习

练习1：设计"助力健康生活"演示文稿

本练习要求打开素材文件中的"助力健康生活.pptx"演示文稿，在其中添加切换效果和动画效果后，再设置排练计时。参考效果如图8-60所示。

素材所在位置 素材文件＼项目八＼助力健康生活.pptx

效果所在位置 效果文件＼项目八＼助力健康生活.pptx

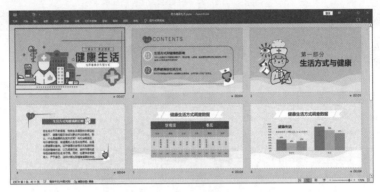

图 8-60 "助力健康生活"演示文稿

操作要求如下。
- 打开"助力健康生活.pptx"演示文稿，为演示文稿中的所有幻灯片添加相同的切换效果。
- 为幻灯片中的文本、图片等对象添加动画效果，并设置动画计时、播放顺序等。
- 设置并保存排练计时，然后从头开始放映演示文稿。

练习2：输出"安全教育"演示文稿

本练习要求打开素材文件中的"安全教育.pptx"演示文稿，预览演示文稿后，将其输出为PDF文件。参考效果如图8-61所示。

 素材所在位置　素材文件 \ 项目八 \ 安全教育.pptx
效果所在位置　效果文件 \ 项目八 \ 安全教育.pdf

图 8-61 "安全教育"演示文稿

操作要求如下。
- 打开"安全教育.pptx"演示文稿，放映演示文稿，预览幻灯片效果。
- 将演示文稿输出为PDF文件，并查看其效果。

高效办公——使用OfficePLUS美化演示文稿

OfficePLUS是一款功能十分强大的演示文稿插件，它可以为演示文稿的制作提供图形编辑器、动画效果、幻灯片演示等多种工具和辅助功能，具有易于使用、资源库丰富、高效等优点。OfficePLUS提供了许多演示文稿模板，当用户没有思路时，便可以下载模板进行使用。另外，OfficePLUS提供了单页美化和一键美化功能，方便用户快速制作演示文稿。下面以使用OfficePLUS美化演示文稿为例，介绍OfficePLUS的使用方法。

1. 使用模板

当对制作演示文稿感到无从下手时，可以在【OfficePLUS】/【新建】组中单击"从模板新建"按钮，在打开的模板文件库中选择会员模板或免费模板，然后双击下载；也可以在浏览器中搜索OfficePLUS官网，登录OfficePLUS账号后，在其中选择需要的演示文稿模板，如图8-62所示。

图8-62　选择演示文档模板

2. 单页美化

如果想要美化演示文稿中的某一张幻灯片，则可以使用"PPT关系图"中的关系图功能，如图8-63所示。

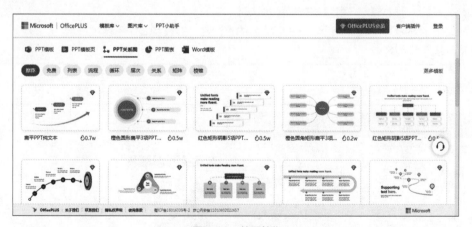

图8-63　单页美化

3. 一键优化演示文稿

当演示文稿制作完成后，如果对演示文稿的整体配色、字体设置等方面不满意，还可以在【OfficePLUS】/【一键优化】组中单击"一键换肤"按钮、"统一字体"按钮、"一键换色"按钮对演示文稿进行自动优化，从而节省制作演示文稿的时间。

项目九
综合案例

情景导入

　　经过这段时间的工作，米拉已经熟练掌握且能快速地使用Word、Excel、PowerPoint等办公软件制作办公文档了。为检验米拉对Office办公软件的掌握程度，老洪决定给她安排一项更具挑战性的任务。他希望米拉能够利用所学知识，制作一份综合文档，这份文档不仅需要包含丰富的内容，还要求通过Word、Excel、PowerPoint等多种工具进行合理的组织和展示。

学习目标

- 巩固Word、Excel、PowerPoint的操作方法。
  掌握新建文件，保存文件，输入内容，编辑内容格式，美化文档、表格和演示文稿等操作。
- 掌握协同办公的方法。
  掌握在不同文档中复制内容、在 PowerPoint 中粘贴 Word 文本、在 PowerPoint 中插入并编辑表格等操作。

素质目标

- 养成独立思考与自主学习的良好习惯，注重创新意识与创新素养的培养，从而有效提升个人的办公技能，努力成为一名合格的技能型人才。
- 增强学习能力，明白理论与实践相结合的重要性，并在实践中不断提升自己，以应对不断变化的环境和挑战。

案例展示

▲"大学生课外阅读调查报告"演示文稿效果　　　　▲"职业生涯规划书"文档效果

任务一　使用Word制作"大学生课外阅读调查报告"文档

　　为了了解大学生的课外阅读情况并有针对性地提出改进建议，米拉准备制作一份"大学生课外阅读调查报告"文档。她希望通过这份文档，能够引起学校和社会对大学生课外阅读问题的重视，推动大学生课外阅读工作的改进和发展。本任务的参考效果如图9-1所示。

素材所在位置　素材文件\项目九\大学生课外阅读调查报告.txt、封面.jpg

效果所在位置　效果文件\项目九\大学生课外阅读调查报告.docx

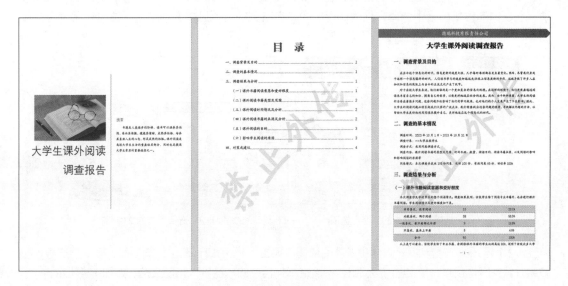

图9-1　"大学生课外阅读调查报告"文档

一、任务描述

（一）任务背景

　　作为一名大学生，需要肩负起历史赋予的重任，全面提升自身素质，成为德智体美劳全面发展的综合人才。其中，阅读扮演着重要角色，并具有不可替代的作用。阅读对于大学生个人综合素质的提高至关重要，也对国家国民素质和人才战略储备具有重要意义。在制作"大学生课外阅读调查报告"文档时，需要注意报告的格式和排版，包括字体、字号、标题层次、段落间距等，确保报告看起来清晰、规范和专业。本任务将使用Word制作"大学生课外阅读调查报告"文档，用到的操作主要有输入文档内容、编排文档、添加页眉和页脚、添加封面和目录等。

（二）任务目标

　　（1）能够快速输入文档内容并进行排版。

　　（2）能够为文档添加页眉、页脚、封面和目录等。

　　（3）能够共享文档。

二、任务实施

（一）输入文档内容

当需要在文档中引用大量文字时，复制粘贴功能可能不是最有效的方法，此时可以通过插入文件的方式将相关内容导入文档，其具体操作如下。

（1）新建并保存"大学生课外阅读调查报告"文档，然后在【插入】/【文本】组中单击"对象"按钮□右侧的下拉按钮∨，在打开的下拉列表中选择"文件中的文字"选项，如图9-2所示。

（2）打开"插入文件"对话框，在"文件类型"下拉列表框中选择"所有文件(*.*)"选项，在左侧的导航窗格中选择文件的保存位置，在右侧的编辑区中选择"大学生课外阅读调查报告.txt"选项，然后单击 插入(S) 按钮，如图9-3所示。

图9-2 选择"文件中的文字"选项 　　　　图9-3 选择插入的文件

（3）打开"文件转换 – 大学生课外阅读调查报告.txt"窗口，在"预览"列表框中预览导入的效果并保持默认设置，单击 确定 按钮，将该文本文档中的内容导入当前文档，如图9-4所示。

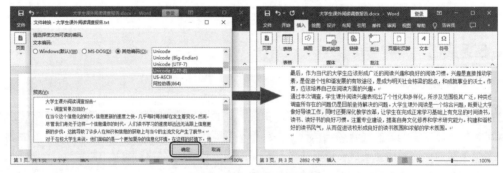

图9-4 导入文档中的内容

（二）编排文档

导入文档内容后，为了确保文档效果美观、整洁，还需要编排文档，如设置文档页面、字体样式、段落格式等，其具体操作如下。

（1）在【布局】/【页面设置】组中单击"页边距"按钮▥下方的下拉按钮∨，在打开的下拉列表中选择"中等"选项，如图9-5所示。

（2）选择"大学生课外阅读调查报告"文本，为其应用"标题1"样式，再在该样式上单击鼠标右键，在弹出的快捷菜单中选择"修改"命令。

（3）打开"修改样式"对话框，在"格式"栏中设置字体为"方正特雅宋简"，字号为"小一"，再单击"加粗"按钮**B**、"居中"按钮≡和"1.5倍行距"按钮≡，如图9-6所示，然后单击 确定 按钮。

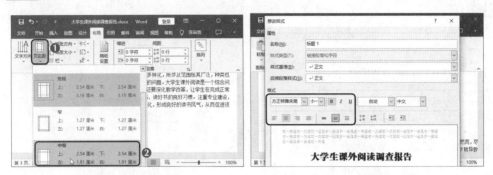

图9-5 设置页边距　　　　　　　图9-6 修改标题1样式

（4）选择"一、调查背景及目的""二、调查的基本情况""三、调查结果与分析""四、对策或建议"文本，为其应用"标题2"样式，再修改字体为"方正大标宋简体"，字号为"三号"，并设置加粗和左对齐显示，然后单击 格式(O)▼ 按钮，在打开的下拉列表中选择"段落"选项。

（5）打开"段落"对话框，在"缩进和间距"选项卡中的"间距"栏中设置"段前""段后"数值微调框均为"12磅"，然后在"行距"下拉列表框中选择"1.5倍行距"选项，如图9-7所示，最后依次单击 确定 按钮。

（6）使用同样的方法修改"标题3"样式的字体格式为"方正精品书宋简体""四号"、加粗、左对齐、段前段后6磅、1.5倍行距，并将其应用于相应的3级标题文本。

（7）为其余文本应用"正文"样式，并修改字体格式为"方正新楷体简体""五号"、两端对齐、首行缩进2字符、1.2倍行距。

（8）选择"学生阅读情况及爱好程度如下表。"文本下方的5行文本，在【插入】/【表格】组中单击"表格"按钮下方的下拉按钮▼，在打开的下拉列表中选择"文本转换成表格"选项，如图9-8所示。

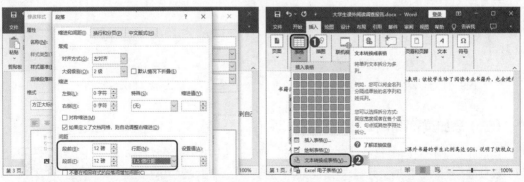

图9-7 修改标题2样式　　　　　　图9-8 选择"文本转换成表格"选项

（9）打开"将文字转换成表格"对话框，保持默认设置，单击 确定 按钮，如图9-9所示。
（10）选择表格，在【布局】/【单元格大小】组中设置"高度"为"0.8厘米"，在【布局】/【对齐方式】组中设置"对齐方式"为"居中对齐"。

（11）保持表格的选择状态，在【表设计】/【表格样式】组中的"样式"列表框中选择"清单表 4 – 着色 5"选项，并取消选中【表设计】/【表格样式选项】组中的"标题行"和"第一列"复选框，如图9-10所示。

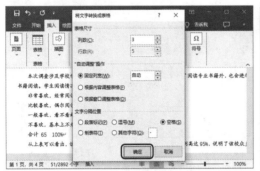 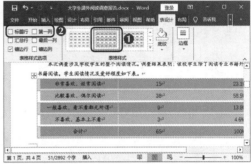

图9-9　设置表格尺寸　　　　　　　图9-10　设置表格格式

（12）使用同样的方法将其他3级标题下的多行数据文本转换为表格，并为其应用不同的表格样式。

（13）在【设计】/【页面背景】组中单击"水印"按钮下方的下拉按钮，在打开的下拉列表中选择"自定义水印"选项，如图9-11所示。

（14）打开"水印"对话框，选中"文字水印"单选项，在"文字"下拉列表框中输入"禁止外传"文本，在"字体"下拉列表框中选择"方正行黑简体"选项，在"字号"下拉列表框中选择"144"选项，在"颜色"下拉列表框中选择"浅灰色，背景 2"选项，然后单击 确定 按钮，如图9-12所示。

图9-11　选择"自定义水印"选项　　　　图9-12　自定义水印

（三）添加页眉和页脚

页眉和页脚在文档中起补充信息、导航、标识、保护版权等多重作用。在创建文档时，根据实际需求和目标读者的要求，合理设置页眉和页脚，可以提升文档的专业性、可读性和形象，其具体操作如下。

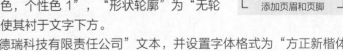

微课视频

添加页眉和页脚

（1）在第1页顶端处双击鼠标左键，进入页眉页脚编辑状态，然后在其中绘制一条"形状颜色"为"蓝色，个性色 1"，"形状轮廓"为"无轮廓"的"箭头：五边形"形状，并使其衬于文字下方。

（2）在文本插入点处输入"德瑞科技有限责任公司"文本，并设置字体格式为"方正新楷体

简体""三号""居中","字体颜色"为"白色，背景 1"，效果如图9-13所示。

（3）在【页眉和页脚】/【选项】组中选中"奇偶页不同"复选框，再将形状复制到第2页的页眉处，并水平翻转形状。

（4）在第2页的页眉处输入"大学生课外阅读调查报告"文本，然后将文本插入点定位到第1页页眉处的"德瑞科技有限责任公司"文本中，在【开始】/【剪贴板】组中单击"格式刷"按钮，当鼠标指针变成形状时，为第2页的页眉文本应用相同的格式。

（5）将文本插入点定位到第1页的页脚处，在【页眉和页脚】/【页眉和页脚】组中单击"页脚"按钮右侧的下拉按钮，在打开的下拉列表中选择"镶边"选项，再设置页脚处文本的字体格式为"方正新楷体简体""小四"。

（6）选择第1页的页脚页码，在【页眉和页脚】/【位置】组中的"页脚底端距离"数值微调框中输入"1.2 厘米"，如图9-14所示，然后为偶数页添加相同格式的页脚。

图9-13 添加页眉　　　　　　　　　　图9-14 设置页脚

（四）添加封面和目录

微课视频

添加封面和目录

封面和目录对于专业的文档来说非常重要，通过添加封面和目录，可以显著提高文档的美观度、可信度和规范性，还可以让读者了解书中所涵盖的主题和大致内容，其具体操作如下。

（1）在【插入】/【页面】组中单击"封面"按钮下方的下拉按钮，在打开的下拉列表中选择"积分"选项，如图9-15所示。

（2）在"标题"文本框中输入文档标题，在"摘要"文本框中输入文档前言，然后删除"副标题"文本框、"作者"文本框和"课程"文本框。

（3）在封面中的图片上单击鼠标右键，在弹出的快捷菜单中选择"更改图片"命令，在弹出的子菜单中选择"此设备"命令，如图9-16所示。

（4）打开"插入图片"对话框，在左侧的导航窗格中选择图片的保存位置，在右侧的编辑区中选择"封面.jpg"选项，然后单击 插入(S) 按钮，如图9-17所示。

（5）返回文档，封面中的原图片将替换为刚刚选择的图片，且该图片将自动调整为适当的大小。

（6）将文本插入点定位到文档标题"大学生课外阅读调查报告"文本的左侧，在【布局】/【页面设置】组中单击"分页符"按钮右侧的下拉按钮，在打开的下拉列表中选择"连续"选项，再次单击"分页符"按钮右侧的下拉按钮，在打开的下拉列表中选择"分页符"选项。

（7）将文本插入点定位到空白页，在【引用】/【目录】组中单击"目录"按钮下方的下拉按钮，在打开的下拉列表中选择"自动目录 1"选项，如图9-18所示。

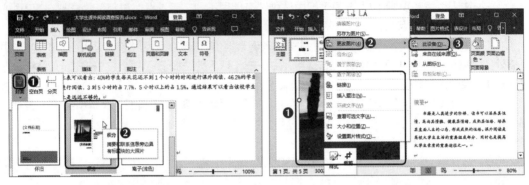

图9-15　选择封面样式　　　　　　　　　图9-16　更改图片

　　　　图9-17　选择图片

　　　　图9-18　插入目录

（8）选择目录相关文本，按【Ctrl+H】组合键，打开"查找和替换"对话框，在"替换"选项卡中的"查找内容"下拉列表框中输入"-"，然后单击 全部替换(A) 按钮，在打开的提示对话框中单击 否(N) 按钮，如图9-19所示，返回"查找和替换"对话框，再单击 关闭 按钮关闭该对话框。

（9）删除目录中的"大学生课外阅读调查报告 ...1"文本，再进行相应设置，如图9-20所示。

　　　　图9-19　替换符号

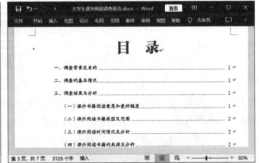
　　　　图9-20　设置目录

任务二　使用Excel制作"大学生课外阅读数据统计"工作簿

　　为了能够更深入、全面地分析数据，米拉准备使用Excel的图表功能来处理Word文档中的各项数据，再根据生成的图表来观察数据的变化趋势。如果数据呈现明显的上升或下降趋势，那么她准备进一步研究趋势的产生原因；如果数据波动较大，那么她准备寻找异常值，以了解异常值对整体数据的影响。本任务的参考效果如图9-21所示。

 效果所在位置 效果文件\项目九\大学生课外阅读数据统计.xlsx

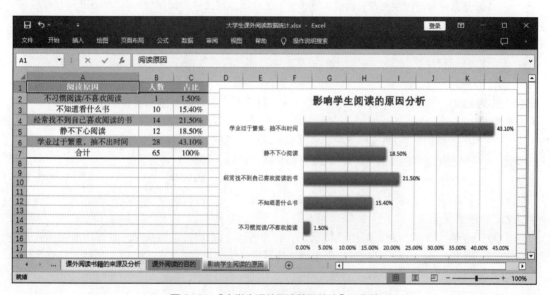

图9-21 "大学生课外阅读数据统计"工作簿

一、任务描述

（一）任务背景

"大学生课外阅读数据统计"工作簿可以用来记录和统计大学生的课外阅读情况，它通常包含多个工作表，每个工作表对应一个特定的统计指标或数据类型，如阅读时长统计表、阅读频率统计表、阅读类型统计表等。通过分析这些数据，可以了解大学生的阅读习惯、兴趣偏好等，为学校、教师和学生自身提供参考和指导。在制作"大学生课外阅读数据统计"工作簿时，需要根据数据的性质和需求，选择合适的数据格式，再根据分析结果，选择合适的图表类型来可视化数据。本任务将使用Excel制作"大学生课外阅读数据统计"工作簿，用到的操作主要有创建并美化表格、使用图表分析数据等。

（二）任务目标

（1）能够创建工作簿，并正确输入数据。

（2）能够根据数据内容选择合适的图表进行分析。

（3）能够通过调整颜色、字体、线条，以及添加标签等方式来改善图表效果，使其更加美观、易读。

二、任务实施

（一）创建并美化表格

微课视频

创建并美化表格

表格能够将大量的数据和信息以清晰、简洁的方式呈现出来，使读者更快速地理解和分析所展示的内容。另外，通过美化表格，还可以进一步提高信息表达效果，突出重点数据，并增强表格的视觉吸引力，其具体操作如下。

（1）新建并保存"大学生课外阅读数据统计"工作簿，双击"Sheet1"工作表标签，将其重命名为"课外书籍阅读意愿和爱好程度"。

（2）在"课外书籍阅读意愿和爱好程度"工作表标签上单击鼠标右键，在弹出的快捷菜单中选择"工作表标签颜色"命令，在弹出的子菜单中选择"深红"命令。

（3）在A1、B1、C1单元格中分别输入"阅读意愿""人数""占比"文本，然后在制作完成的"大学生课外阅读调查报告.docx"文档中复制"（一）课外书籍阅读意愿和爱好程度"下方的表格数据。

（4）返回工作表，选择A2单元格，在【开始】/【剪贴板】组中单击"粘贴"按钮下方的下拉按钮，在打开的下拉列表中选择"匹配目标格式"选项，如图9-22所示。

（5）选择A列单元格区域，在【开始】/【单元格】组中单击"格式"按钮下方的下拉按钮，在打开的下拉列表中选择"自动调整列宽"选项，然后选择A1:C6单元格区域，设置字体格式为"方正书宋简体""12""居中对齐"。

（6）保持A1:C6单元格区域的选择状态，在【开始】/【样式】组中单击"套用表格格式"按钮右侧的下拉按钮，在打开的下拉列表中选择"橙色，表样式中等深浅 17"选项，打开"创建表"对话框，保持默认设置，单击 确定 按钮。

（7）选择A1:C6单元格区域中的任意单元格，在【表设计】/【工具】组中单击"转换为区域"按钮，如图9-23所示。

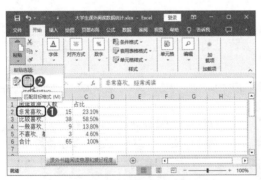

图9-22　粘贴数据

图9-23　转换为普通区域

（8）打开"是否将表转换为普通区域？"提示对话框，单击 是(Y) 按钮，如图9-24所示。

（9）使用同样的方法依次创建"课外阅读书籍类型及范围""课外阅读时间情况及分析""课外阅读书籍的来源及分析""课外阅读的目的""影响学生阅读的原因"工作表，并在其中输入数据，设置文本格式、边框和底纹效果等，如图9-25～图9-29所示。

图9-24 确认转换

图9-25 "课外阅读书籍类型及范围"工作表

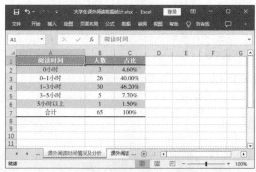

图9-26 "课外阅读时间情况及分析"工作表

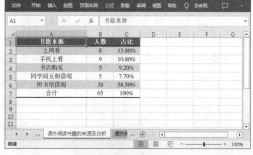

图9-27 "课外阅读书籍的来源及分析"工作表

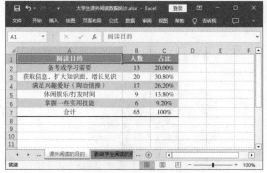

图9-28 "课外阅读的目的"工作表

图9-29 "影响学生阅读的原因"工作表

（二）使用图表分析数据

通过设置合适的图表类型和样式，可以突出强调数据中的重要信息和关键指标，从而发现数据的上升或下降趋势，帮助用户分析原因和影响因素，其具体操作如下。

（1）选择"课外书籍阅读意愿和爱好程度"工作表，同时选择A2:A5、C2:C5单元格区域，然后在【插入】/【图表】组中单击"插入饼图或圆环图"按钮右侧的下拉按钮，在打开的下拉列表中选择"三维饼图"选项，如图9-30所示。

（2）选择饼图，在【图表设计】/【图表样式】组中单击"快速样

微课视频

使用图表分析数据

式"按钮 下方的下拉按钮，在打开的下拉列表中选择"样式 5"选项，如图9-31所示。

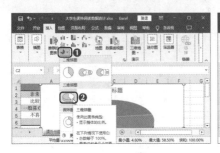 

图9-30　插入饼图　　　　　图9-31　选择图表样式

（3）修改图表标题为"课外书籍阅读意愿和爱好程度分析"，然后为其添加数据标签，并移至数据区域的下方，效果如图9-32所示。

（4）使用同样的方法依次在其他工作表中创建"课外阅读书籍类型及范围分析"图表、"课外阅读时间情况及分析"图表、"课外阅读书籍的来源及分析"图表、"课外阅读的目的分析"图表、"影响学生阅读的原因分析"图表，再进行相应美化，效果如图9-33～图9-37所示。

 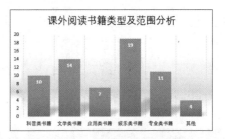

图 9-32　美化图表　　　　　图 9-33　"课外阅读书籍类型及范围分析"图表

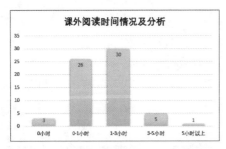 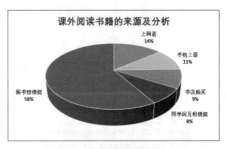

图 9-34　"课外阅读时间情况及分析"图表　　　图 9-35　"课外阅读书籍的来源及分析"图表

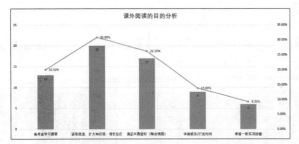 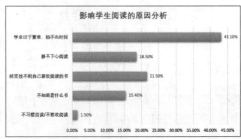

图 9-36　"课外阅读的目的分析"图表　　　图 9-37　"影响学生阅读的原因分析"图表

任务三　使用PowerPoint制作"大学生课外阅读调查报告"演示文稿

在任务一中，米拉已经成功地完成了"大学生课外阅读调查报告"文档的制作。然而，由于这份文档的字数较多，读者在阅读时可能会感到枯燥乏味，而且难以快速找到关键信息和重点内容。为解决这些问题，米拉决定将这份文档重新制作成演示文稿的形式，以便将原本静态的文件进行动态展示。这样一来，分析报告将变得更加生动有趣，有助于吸引读者的注意力，也便于他们快速理解和掌握报告的核心内容。本任务的参考效果如图9-38所示。

素材所在位置　素材文件\项目九\背景.png、图片1.png、图片2.png、图片3.png、图片4.png

效果所在位置　效果文件\项目九\大学生课外阅读调查报告.pptx、大学生课外阅读调查报告.pdf

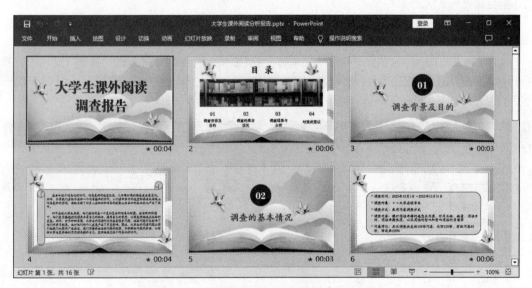

图9-38　"大学生课外阅读调查报告"演示文稿

一、任务描述

（一）任务背景

"大学生课外阅读分析报告"演示文稿将课外阅读分析报告以演示文稿形式呈现，它旨在通过视觉效果和结构化展示，传达有关课外阅读的重要信息和分析结果。一般来讲，文档所表述的内容非常全面，但很长的篇幅会让人很快失去阅读兴趣，导致注意力不集中，因此可以选择将文档导入演示文稿中，通过图像、图表和简短的文字来呈现内容。本任务将使用PowerPoint制作"大学生课外阅读分析报告"演示文稿，用到的操作主要有导入Word文档、设置幻灯片、添加幻灯片切换效果和动画效果、放映输出演示文稿等。

（二）任务目标

（1）能够将Word文档内容导入演示文稿。

（2）能够设计幻灯片母版。

（3）能够为幻灯片添加切换效果和动画效果。

（4）能够放映和输出演示文稿。

二、任务实施

（一）导入Word文档

微课视频

导入Word文档

由于已经有一个制作好的Word文档，此时只需要将其直接导入演示文稿中，并进行适当的美化，即可大大节省制作演示文稿的时间，其具体操作如下。

（1）新建并保存"大学生课外阅读分析报告"演示文稿，然后在【视图】/【演示文稿视图】组中单击"大纲视图"按钮，进入大纲视图。

（2）打开"大学生课外阅读调查报告"文档，按【Ctrl+A】组合键全选文本，再按【Ctrl+C】组合键复制文本。

（3）返回"大学生课外阅读分析报告"演示文稿，将文本插入点定位到"幻灯片"浏览窗格中第1张幻灯片的右侧，然后按【Ctrl+V】组合键，粘贴复制的文本，如图9-39所示。

（4）将文本插入点定位到"目录"文本前，按【BackSpace】键删除"摘要"文本和空白行，然后将文本插入点定位到目录中"四、对策或建议 4"文本的右侧，按【Enter】键新建一张幻灯片，再删除中间的空白行，如图9-40所示。

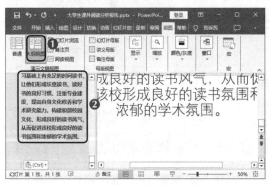

图9-39 粘贴文本

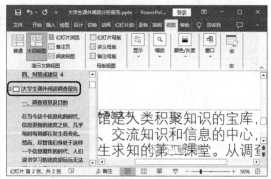

图9-40 新建幻灯片

（5）使用同样的方法新建其他幻灯片，并删除"幻灯片"浏览窗格的空白行和不需要的内容，精简幻灯片内容。

（6）选择与目录相关的文本，按【Tab】键下降一个级别，将其调整到第1张幻灯片下，再使用相同的方法继续调整幻灯片中的其他内容，如图9-41所示。

（7）选择第1张幻灯片，按住鼠标左键，向下拖动至"大学生课外阅读调查报告"幻灯片的下方，释放鼠标左键后，原来的第1张幻灯片将变成第2张幻灯片，如图9-42所示。

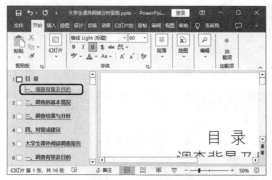

图9-41　调整文本级别

图9-42　调整幻灯片位置

（二）设置幻灯片

通过合理地设置幻灯片，可以将演示内容划分为逻辑连贯的片段，每个片段都对应一张幻灯片。这种结构化的方式可以使演示文稿更加清晰、易于理解，并帮助观众更好地跟进和吸收内容，其具体操作如下。

（1）在【视图】/【母版视图】组中单击"幻灯片母版"按钮，进入幻灯片母版编辑状态，然后选择第1张幻灯片，在其中插入"背景.png"图片，并将其置于底层。

（2）选择"单击此处编辑母版标题样式"文本，在【开始】/【字体】组中的"字体"下拉列表中选择"方正北魏楷书_GBK"，再在该组中单击"字体颜色"按钮▲右侧的下拉按钮，在打开的下拉列表中选择"其他颜色"选项。

（3）打开"颜色"窗口，单击"自定义"选项卡，在"红色"数值微调框中输入"68"，在"绿色"数值微调框中输入"86"，在"蓝色"数值微调框中输入"120"，然后单击 确定 按钮，如图9-43所示。

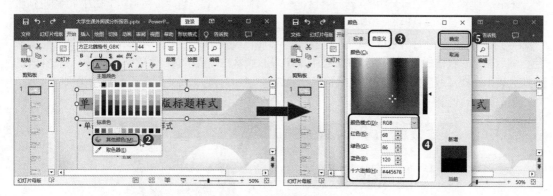

图9-43　自定义字体颜色

（4）返回演示文稿，居中显示"单击此处编辑母版标题样式"文本，再选择第1张幻灯片中正文占位符中的文本，在【开始】/【字体】组中设置"字体"为"方正新楷体简体"。

（5）在第1张幻灯片中绘制一个矩形，将填充颜色设置为"无颜色"，再设置形状轮廓为"白色，背景1"。

（6）复制矩形，缩小形状后，修改填充颜色为"白色，背景"，形状轮廓为"无轮廓"，然后插入"图片1.png""图片2.png""图片3.png"图片，效果如图9-44所示。

（7）选择第2张幻灯片，设置"单击此处编辑母版标题样式"文本的字体为"方正粗宋简体"，再设置字号为"88"。

（8）在【幻灯片母版】/【背景】组中选中"隐藏背景图形"复选框，再将第1张幻灯片中的4张图片复制并粘贴到第2张幻灯片中，并适当调整位置，效果如图9-45所示。

图9-44　"标题和内容"幻灯片版式效果　　图9-45　"标题幻灯片"幻灯片版式效果

（9）在【幻灯片母版】/【编辑母版】组中单击"插入版式"按钮🗐，然后选择插入的第3张幻灯片，单击鼠标右键，在弹出的快捷菜单中选择"重命名版式"命令，打开"重命名版式"对话框，在"版式名称"文本框中输入"目录"文本后，单击 重命名(R) 按钮，如图9-46所示。

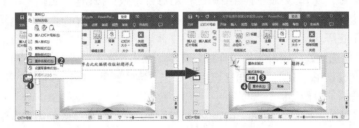

图9-46　重命名幻灯片版式

（10）隐藏第3张幻灯片中的背景图片，插入"图片4.png"图片，再将第1张幻灯片中的4张图片及两个形状复制并粘贴到第3张幻灯片中，并适当调整其位置，效果如图9-47所示。

（11）在第3张幻灯片中绘制一个与"图片4.png"图片大小一致的矩形形状，并取消轮廓颜色，然后在【形状格式】/【形状样式】组中单击"形状填充"按钮🗗右侧的下拉按钮，在打开的下拉列表中选择"取色器"选项，当鼠标指针变成🖊形状时，将鼠标指针移至幻灯片页面的上方，单击吸取颜色，如图9-48所示。

图9-47　"目录"幻灯片版式效果　　图9-48　吸取颜色

（12）在绘制的形状上单击鼠标右键，在弹出的快捷菜单中选择"设置形状格式"命令，打开"设置形状格式"任务窗格，设置形状的透明度为"86%"。

（13）选择第5张幻灯片，隐藏背景图片后，将第1张幻灯片中的4张图片复制并粘贴到该张幻灯片中，再适当调整位置，然后在幻灯片页面上方的中间位置绘制一个圆形，效果如图9-49所示。

（14）在【幻灯片母版】/【关闭】组中单击"关闭"按钮，退出幻灯片母版编辑状态，然后选择第1张幻灯片，在【开始】/【幻灯片】组中单击"版式"按钮右侧的下拉按钮，在打开的下拉列表中选择"标题幻灯片"选项。

（15）选择"大学生课外阅读调查报告"文本，在【形状格式】/【艺术字样式】组中的"样式"列表框中选择"填充 - 蓝色，着色 1，阴影"选项，再为其添加"居中偏移"的阴影效果，最后将字体格式设置为"方正粗宋简体"。

（16）在标题占位符左下角单击"自动调整选项"按钮，在打开的下拉列表中选中"停止根据此占位符调整文本"单选项，如图9-50所示，然后删除副标题占位符，再适当调整标题占位符的位置和大小。

图9-49 "节标题"幻灯片版式效果　　　　图9-50 选中"停止根据此占位符调整文本"单选项

（17）使用同样的方法为其他幻灯片应用设置的幻灯片版式，再添加形状元素，以美化幻灯片，然后新增3张"节标题"版式的幻灯片，并将其移至相应的位置。

（18）打开"大学生课外阅读数据统计.xlsx"工作簿，选择第1张幻灯片中的饼图，按【Ctrl+C】组合键复制，再选择第8张幻灯片，将文本插入点定位到正文占位符中，单击鼠标右键，在弹出的快捷菜单中单击"保留源格式和嵌入工作簿"按钮，如图9-51所示。

（19）删除图表中的图表标题元素，再使用相同的方法在第9张～第13张幻灯片中插入相应的图表。

（20）选择第14张幻灯片中正文占位符中的文本，在【开始】/【段落】组中单击"转换为SmartArt"按钮右侧的下拉按钮，在打开的下拉列表中选择"梯形列表"选项。

（21）选择SmartArt图形，在【SmartArt设计】/【SmartArt样式】组中单击"更改颜色"按钮下方的下拉按钮，在打开的下拉列表中选择"彩色-个性色"选项，再在【SmartArt设计】/【SmartArt样式】组中单击"快速样式"按钮下方的下拉按钮，在打开的下拉列表中选择"优雅"选项，效果如图9-52所示。

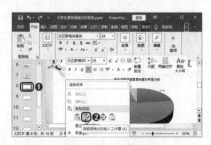

图9-51 导入图表　　　　　　　　图9-52 转换为SmartArt图形

（三）添加幻灯片切换效果和动画效果

制作演示文稿时，适当地为幻灯片添加切换效果，以及为幻灯片对象添加动画效果，可以使演示文稿显得更加连贯、自然，其具体操作如下。

（1）在"幻灯片"浏览窗格中按【Ctrl+A】组合键全选幻灯片，然后在【切换】/【切换到此幻灯片】组中的"切换效果"列表框中选择"推入"选项。

（2）在【切换】/【切换到此幻灯片】组中单击"效果选项"按钮 下方的下拉按钮，在打开的下拉列表中选择"自右侧"选项，然后在【切换】/【计时】组中的"持续时间"数值微调框中输入"01.50"，如图9-53所示。

（3）选择第1张幻灯片中的"大学生课外阅读调查报告"文本，在【动画】/【动画】组中单击"动画样式"按钮 下方的下拉按钮，在打开的下拉列表中选择"缩放"选项，在【动画】/【计时】组中的"开始"下拉列表框中选择"上一动画之后"选项，在"持续时间"数值微调框中输入"01.00"，如图9-54所示。

图9-53　设置切换效果

图9-54　设置动画效果

（4）使用同样的方法为其他幻灯片中的对象添加动画效果，并设置动画效果选项、开始时间等。

（四）放映输出演示文稿

演示文稿制作并编辑完成后，可以将其放映和输出，其具体操作如下。

（1）在【幻灯片放映】/【设置】组中单击"排练计时"按钮，进入第1张幻灯片的排练计时状态。当所有幻灯片放映完成后，保存排练计时。

（2）在【幻灯片放映】/【设置】组中单击"设置幻灯片放映"按钮，打开"设置放映方式"对话框，在"放映类型"栏中选中"演讲者放映(全屏幕)"单选项，在"放映幻灯片"栏中选中"全部"单选项，在"推进幻灯片"栏中选中"如果出现计时，则使用它"单选项，再选中"使用演示者视图"复选框，最后单击 确定 按钮，如图9-55所示。

（3）在快速访问工具栏中单击"保存"按钮，或按【Ctrl+S】组合键，打开"另存为"界面，选择"浏览"选项，打开"另存为"对话框，在左侧的导航窗格中选择文件的保存位置，在"保存类型"下拉列表框中选择"PDF(*.pdf)"选项，最后单击 保存(S) 按钮，如图9-56所示。

图9-55　设置放映方式

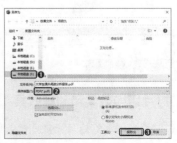

图9-56　输出演示文稿

实训一　使用Word制作"职业生涯规划书"文档

【实训要求】

当个人的职业目标和发展方向不够明朗时，可以尝试制作职业生涯规划书。通过深入剖析自己的能力、兴趣、价值观，并研究职业市场信息，可以更加清晰地了解自己想要追求的职业方向和目标，从而在此基础上制订具体、可行的行动计划。本实训制作完成后的文档效果如图9-57所示。

素材所在位置　素材文件＼项目九＼职业生涯规划书.txt、封面.png

效果所在位置　效果文件＼项目九＼职业生涯规划书.docx

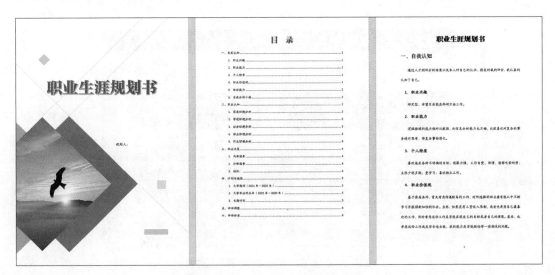

图9-57　"职业生涯规划书"文档

【实训思路】

职业生涯规划书是一份用于详细规划个人职业发展的文件。它可以帮助个人明确职业目标，了解自身优势和兴趣，制定职业发展策略，并指导实施和评估职业生涯规划。需要注意的是，职业生涯规划书是一个灵活的指导文件，需要根据个人情况进行修改和调整。在制作"职业生涯规划书"时，应保证清晰的框架和简洁明了的版面设计，避免使用过多的颜色和图案分散读者的注意力，还要使用醒目的标题和副标题来突出重点内容，方便读者快速浏览。

【步骤提示】

要完成本实训，需要先新建文档，然后输入并编辑文本，最后将制作完成的文档保存到计算机中。具体步骤如下。

（1）新建一个空白文档，导入"职业生涯规划书.txt"文本文档中的内容。

（2）为文档的相应段落应用Word文档内置的样式，再根据效果修改样式。

（3）在文档标题前插入一张空白页，在其中通过菱形形状、直线形状、矩形形状设计一个封面，再在菱形形状中填充"封面.png"图片。

（4）为文档添加页脚，再插入目录，并设置目录格式。

（5）将文档以"职业生涯规划书"为名保存到计算机中。

实训二 使用Excel制作"客户订单记录统计表"工作簿

【实训要求】

当企业需要了解客户的购买记录、需求和反馈意见时，就会制作"客户订单记录统计表"，以此来建立个性化的客户沟通和服务策略，提高客户满意度并维护良好的客户关系。本实训制作完成后的效果如图9-58所示。

素材所在位置 素材文件\项目九\客户订单记录统计表.txt

效果所在位置 效果文件\项目九\客户订单记录统计表.xlsx

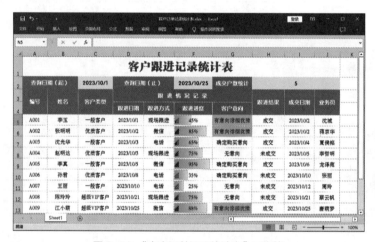

图9-58 "客户订单记录统计表"工作簿

【实训思路】

客户订单记录统计表是一种用于记录和统计客户订单信息的表格或数据库。通过统计分析订单数据，企业可以优化销售策略、改进供应链和客户服务，提高效率、降低成本，并提升客户满意度和企业竞争力。在制作"客户订单记录统计表"工作簿时，要确保输入的数据无误，并合理选择统计指标进行分类归档和更新维护，再突出显示重要数据。

【步骤提示】

要完成本实训，需要先新建工作簿，然后输入并编辑数据，最后将制作完成的工作簿保存到计算机中。具体步骤如下。

（1）新建一个空白工作簿，在其中输入客户数据，再设置数据格式。

（2）在H5:H16单元格区域中使用数据验证功能输入客户跟进结果，再通过条件格式功能突出显示"跟进进度"和"客户意向"列中的数据。

（3）为表格添加边框和底纹，然后将工作簿以"客户订单记录统计表"为名保存到计算机中。

课后练习

练习1：制作"年度培训工作计划"演示文稿

本练习要求在新建的演示文稿中输入内容，再通过文本框、形状、SmartArt图形、图表等美化演示文稿。参考效果如图9-59所示。

素材所在位置 素材文件＼项目九＼年度培训工作计划＼

效果所在位置 效果文件＼项目九＼年度培训工作计划.pptx

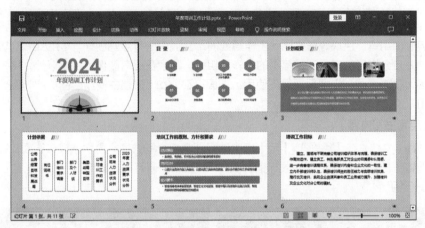

图 9-59 "年度培训工作计划"演示文稿

操作要求如下。

- 打开PowerPoint，使用模板新建演示文稿，然后在各张幻灯片中输入内容。
- 将制作完成的演示文稿以"年度培训工作计划"为名保存到计算机中。

练习2：制作"商贸城市场定位分析"演示文稿

本练习要求在新建的演示文稿中设置母版后，输入并美化幻灯片内容。参考效果如图9-60所示。

素材所在位置 素材文件＼项目九＼母版图片.png

效果所在位置 效果文件＼项目九＼商贸城市场定位分析.pptx

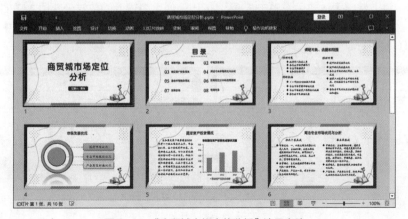

图 9-60 "商贸城市场定位分析"演示文稿

操作要求如下。

- 打开PowerPoint，进入母版视图，在其中设置幻灯片母版样式。
- 新建多张幻灯片，在其中通过文本框、形状、图表等对象美化演示文稿。
- 将演示文稿以"商贸城市场定位分析"为名保存到计算机中。

高效办公——使用Office提供的绘图功能进行绘制

Office 2019新增了一项绘图功能，该功能以选项卡的形式出现在功能区中。通过该选项卡，用户可以随意使用笔、色块等在文档、工作簿或演示文稿中进行涂鸦创作。Office 2019还内置了各种笔刷，并且允许用户自行调整笔刷的色彩及粗细。除了在已有图像上涂鸦以外，用户甚至可以将墨迹直接转换为形状，以便后期编辑使用。下面以在Word文档中使用绘图功能为例，介绍绘图功能的使用方法。

1. 使用笔书写内容

打开Word文档，在【绘图】/【笔】组中选择任意一个笔选项，再次选择该选项，在打开的下拉列表中选择笔的粗细和颜色，当鼠标指针变成✦形状时，便可在文档编辑区中书写自己想要的内容，如图9-61所示。

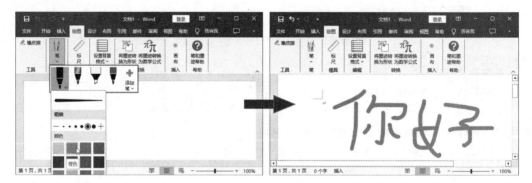

图9-61　使用笔书写内容

2. 将墨迹转换为数字公式

在【绘图】/【转换】组中单击"将墨迹转换为数字公式"按钮✕，打开"数学输入控件"对话框，在其中输入数学表达式后，单击 插入 按钮，便可将输入的数学公式插入文档中。如果公式识别错误，可以单击"选择和更正"按钮⟲，再选择错误内容，在打开的下拉列表中选择正确的内容，如图9-62所示。

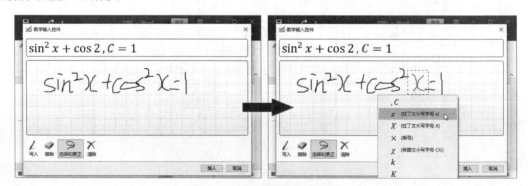

图9-62　将墨迹转换为数字公式